心理咨询师对女孩讲沟通

"推开心理咨询室的门"编写组 编著

中国纺织出版社有限公司

内容提要

沟通能力,是一个人社交能力的体现,更是一个人拥有良好人际关系的重要条件。对于女孩来说,良好的沟通能力,不仅能为个人形象锦上添花,更是拥有幸福生活的重要保障。

本书从多个角度出发,从情景实例到经典案例,从口才技巧到社交攻略,以理论与实际相结合的方式详细地叙述了各种沟通技巧在实际生活中的应用,帮助女孩不断提升沟通能力,获得事业与生活的双丰收。

图书在版编目(CIP)数据

听心理咨询师给女孩讲沟通 /"推开心理咨询室的门"编写组编著. -- 北京:中国纺织出版社有限公司,2025.6

ISBN 978-7-5229-0685-0

Ⅰ.①听… Ⅱ.①推… Ⅲ.①女性—人生哲学—通俗读物 Ⅳ.①B821-49

中国国家版本馆CIP数据核字(2023)第111664号

责任编辑:柳华君　责任校对:高　涵　责任印制:储志伟

中国纺织出版社有限公司出版发行
地址:北京市朝阳区百子湾东里A407号楼　邮政编码:100124
销售电话:010—67004422　传真:010—87155801
http://www.c-textilep.com
中国纺织出版社天猫旗舰店
官方微博 http://weibo.com/2119887771
天津千鹤文化传播有限公司印刷　各地新华书店经销
2025年6月第1版第1次印刷
开本:880×1230　1/32　印张:7
字数:117千字　定价:49.80元

凡购本书,如有缺页、倒页、脱页,由本社图书营销中心调换

前言 PREFACE

在心理咨询中，女性来访者并不少见，并且她们所遇到的困惑具有高度的趋同性，包括情绪控制、自我价值、身份认同、职业发展等问题。这些问题并不像表面上看起来那么容易概括，也并不是单维度的问题，而是复杂的综合性问题。这种复杂性是由女孩在这个社会中具有的独特性决定的，体现在多个层面，包括生物学、心理学、社会学以及文化等方面。生物学上，女孩从出生起就具有独属于自己的生理特征，这些特征在青春期会引发一系列的生理变化，如月经周期的出现等。在心理层面上，女孩可能会表现出与男孩不同的性格特质和行为模式，这些差异源于社会化过程和生物性别角

色的影响。在社会学层面上，女孩所面临的社会期待和角色定位常常与男孩有所不同。例如，她们可能更被鼓励展现出亲和力、同情心和关怀他人的特质，同时也可能面临着性别歧视和不平等的挑战。在文化层面上，不同社会和文化对女孩的教育、职业和婚姻等方面有着不同的期待和规范，这些文化因素深刻影响着女孩的成长环境和发展机会。总之，女孩所面临问题的复杂性以及解决这些问题的重要性必须引起专业人士和社会各界的关注。

针对女孩面临的各种心理和社会挑战，心理咨询师团队编写了一整套不同主题的书籍，提供给女孩们全面、综合性的资源。希望通过阅读，女孩可以应对社会中显性或者隐性的性别刻板印象带来的压力，可以更好地了解自己，增强内在的力量，不断发展个人技能，提升应对生活挑战的能力。

在现代的社会交际中，一个人口才的好坏，对其人际关系的影响日益加重。在这个快节奏、重压力的年代，很多人对于他人的第一印象或是初期印象，往往都是根据自己的主观印象匆匆断定的。而这个主观印象的形成，通常是基于初次见面时对方的仪表与谈吐。

本书引用了古今中外的大量名人轶事，也讲述了许多发生在日常生活中的典型事例，并在这些案例的基础上，一一为读者展开剖析。从初次见面到日常交际，从不同场合到不同对象，从赞美他人到表达自己，从委婉拒绝到适当批评，从学会倾听到善于求人，从合理竞争到巧妙说服，从小范围的"笼络人心"到大场面的精彩演讲……书中所涉猎的每一个角度、每一种技巧，都以培养女孩口才为目的，采用浅显、生动的语言娓娓而谈，令读者朋友们能够在轻松惬意的阅读中理解口才之道、掌握口才之法，从而令本书的价值得以最大化地体现。

在编著本书的过程中，笔者参考并借鉴了众多文献典籍和其他学者、专家的著作，在这里，向他们致以最真挚的感谢。此外，由于笔者水平有限，书中不免出现

错漏之处，敬请广大读者朋友们批评指正。

最后，笔者真诚地希望每一位阅读此书的女孩都能够心有所得、意有所获，成为口齿伶俐、谈吐有方的魅力女孩；在今后的工作与生活中，凭借优异的口才赢得众人的欣赏，收获美满的人生。

编著者

2023年3月

目 录
CONTENTS

第 01 章　第一次见面：留下你的热情与优雅

彬彬有礼，有礼貌的女孩让人更想接近…………002
张口就来，"指名道姓"也能拉近距离…………007
介绍自己，好的沟通带来好的"推销"…………013
学会开场，沟通要先找好切入点…………019

第 02 章　看时间说话：话不在多，说对才行

晚点开口，先看清楚你的交际对象…………026
尊老爱幼，老少不能共用一套话…………032
分清场合，才能说出合乎时宜的话…………038
看菜下饭，如何面对不同性格之人…………042

第03章 女孩要想拥有好口才，先得打好基本功

能说会道，口才为女孩增添魅力……………… 050
声音动人，让别人更愿意与你交流……………… 056
张弛有度，说话速度也很重要……………… 061
与人交谈，语气是不能忽略的重点……………… 065

第04章 戳中虚荣心：一句话就能触动对方

间接赞美，一种高明的赞美方式……………… 072
有的放矢，从对方的最自豪处切入……………… 077
学会赞美，赞美也是一种力量……………… 081
弥足珍贵，不要让你的赞美"掉价"……………… 085

目录

第05章　幽默的语言：智慧的女孩必受欢迎

攻其不备，转折与巧合造就幽默……………………090

百变幽默，总有一种方式适合你……………………094

开动脑筋，幽默往往来自联想………………………098

学会自嘲，你的人缘更上一层楼……………………102

第06章　用你的语言：说动对方迈开他的腿

动之以情，让他无法抗拒你的话语…………………108

互惠互利，让他明白是合作不是请求………………113

先退后进，巧登门槛助你叩开他人心扉……………118

亮出优势，让他看到你对于他的价值………………123

第07章　口才有魅力：需要你懂这5项秘诀

从容不迫，即兴发言也尽显迷人风采……………… 130

夯实基础，谈资充足才能舌灿莲花……………… 134

牢记目标，有的放矢进行沟通……………… 139

分析自己，客观看清自己的表达能力……………… 144

第08章　说拒绝的话：掌握几个绝妙的方法

委婉一点，拒绝留一线日后好相见……………… 150

幽默一点，相视一笑时已巧妙拒绝……………… 155

拉人挡箭，学会用第三方拒绝对方……………… 160

面对异性，女孩说"不"要把握分寸……………… 165

第09章　批评的智慧：逆耳的忠言也不伤人

他人犯错，女孩万不可"横眉立目" …………… 172

换位思考，每个犯错的人都有尊严 …………… 176

先扬后抑，以鼓励的方式提出批评 …………… 181

恩威并用，批评也要顾及对方情绪 …………… 186

第10章　聪明地倾听：是你把话说好的前提

边听边想，洞悉他人言语中的重点 …………… 192

适当引导，让对方主动说出真心话 …………… 197

仔细听清，口头禅也会反映他的心理 …………… 202

少说多听，倾诉是人类共有的需求 …………… 207

参考文献 …………… 211

第01章

第一次见面：留下你的热情与优雅

彬彬有礼，有礼貌的女孩让人更想接近

中国历来是礼仪之邦，关于"礼"，从古至今的无数大家给了它许多种定义。《释名》中曰："礼，体也，言得事之体也。"这句话的意思是：礼，就是说话、做事的规范。时代在变，关于礼的要求和范围也在不断改变；而一直没有改变的，是礼仪所表达出的内涵。在每一个时代，礼仪，都是一个人内在修养的体现；礼貌，都是社会对于高素质人群的基本要求。

小鑫大学毕业后，通过层层竞争，最终进入了梦寐以求的大企业。然而，入职还没几个月，她就把部门的同事得罪得差不多了。她虽然对此十分苦恼，但也并不认为问题出在自己身上："我性格就是这样大大咧咧的，这叫不拘小节懂吗？如果都像我们部门那些人那么爱计较，那些魏晋名士在出名前就被杀光了吧!"

然而,她的同事们却如是说:

"我一个保洁员,从来也不指望人家对我多重视,可是那小鑫算个什么人?咱们公司是大企业,进来的人都有高素质。经理整天对我笑呵呵的,从不摆架子,一口一个'大姐'。那小鑫倒好,不知道我名字,可以直接叫我保洁员,成天冲我'喂喂喂'地叫算个什么事?我就比她低一等了?"

"部门几年没进新人了,也不知道现在的大学生是不是都像小鑫那样连基本的礼貌都不懂。自己缺东西,从别人那儿拿的时候从来不说一声,当着主人的面连个招呼都不打。

那回最过分，自己缺文件夹，不知道去领，直接从我桌上拿了一个去，还把我的文件取了出来随意摊在桌上。我从经理办公室出来的时候，文件已经飞了满办公室。明知道开着窗户，她好歹找个东西压一下吧。"

……

礼貌，是一个人优良素养的体现，也是和谐社会关系的重要纽带。它说小不小，说大不大。它看似简单，实则影响着一个人的人际交往，影响着一个国家、一个民族的社会文明。它看似宏伟，实则存在于每个人身边的诸多小事中，它可以是一句"谢谢"，一声"对不起"，也可以是一次微笑，一个点头。礼貌，是女孩塑造个人形象的美容师，更是女孩构建人际关系的基石。

女孩在与人交流时，应该注意哪些方面，才能做到有礼有节，表现出自己的涵养呢？

1. "礼"多人不怪

人际交往中,交往双方的沟通,大部分靠语言来实现,因此,礼貌用语就成为每个彬彬有礼的女孩必不可少的"武器"。对于"谢谢""请""您""不客气"等礼貌用语,女孩不仅要学会在陌生人面前说,更要学会在亲人、朋友、同事、爱人面前使用。礼貌用语可以让女孩的话语更加动听,更加宜人。而无论多么亲近的人,双方之间的关系也需要以"尊重"为前提来维护。一个礼貌用语,不仅表现了女孩的涵养,也能体现出女孩对他人的尊重。

2. 学会道歉也很重要

毫不夸张地说,道歉是人们在社会生活中必须掌握的技能,它关乎女孩的人脉,更关乎女孩的人生。及时道歉、敢于道歉、善于道歉,不仅体现着女孩的风度与修为,也让犯错的女孩更容易获得他人的谅解与支持。

3. 你的态度决定对方的感受

无论礼貌用语或道歉措辞如何华丽,最能影响对方感

受的，是女孩说话时的态度。面无表情地说上一万句"谢谢"，其效果不如一次真诚的点头致意。女孩在与人交流时，应以诚恳的态度、温婉的语气、真挚的表情为依托，而不是空泛苍白的语言。

4. 肢体语言透露你的内心

在前文中，我们已经简单介绍了肢体语言在人际沟通中的重要作用，相信女孩们已经有所体会。一个让人感到彬彬有礼的女孩，她的一言一行、一举一动也必然是有礼有节、落落大方的。与人交谈时，女孩应注意把握好自己的肢体语言。频繁的小动作不仅会破坏你的整体美感，更会让对方觉得你不够尊重他。而若是你的某些习惯性动作让对方觉得你言不由衷，更有可能让双方的关系降到冰点。

张口就来,"指名道姓"也能拉近距离

每个人都不希望自己只是天地间的一名匆匆过客,在历史的长河中留不下任何的身影。即便不能彪炳史册、光耀千古,我们也希望至少能在我们相识之人的心目中留下属于自己的痕迹。而这个痕迹最基础的代表,就是我们的名字,一个抽象而又具体、简单而又象征着我们个体的代号。因此,记住别人的名字,并且能在见面的第一时间叫出来,是一种很重要的技能,它体现着我们对于他人的尊敬和重视。

美国前总统乔治·沃克·布什(即人们所说的"小布什")是一个善于牢记人名的高手,他从青年时代起,就懂得利用自己的这个特长来打造人脉。

1965年,小布什进入耶鲁大学的达文波特学院,开始了

自己的新学期。进入学院不久,他就发现那个经常有显赫人物出入的DKE联谊会离自己的学院楼很近。加入达文波特学院的学生会,获得更多在DKE联谊会上表现自己的机会,从DKE联谊会开始实现自己的政治抱负——小布什的心中,关于自己政治生涯的初步规划就这样形成了。他立即行动起来,第一步就是加入学生会。

这天,学院召开了学生会选新的会议,早已做好打算的小布什也跟着五十余名师生走进了会议教室。会议开始后,学生会的一个负责人向师生们简单地介绍了一下学生会的概况,然后叫起一位名为约翰逊的新生,问他能叫出在座几个人的名字?约翰逊四下打量了一番后,吞吞吐吐地叫出了三四个名字。其后,负责人又叫起了两个新生,情况大致和约翰逊相同。当负责人的目光投向小布什时,小布什从容不迫地站了起来,一个不漏地将教室中在座的54名师生的名字全叫了出来。他的表现,令在场的所有人佩服不已——包括那几位学生会负责人。

同是新生,为什么小布什和"约翰逊"们之间的差别如此之大呢?原来,小布什在入学之初,就在最短的时间内记住了所有同学的名字。同时，他经常在教室、走廊、球场等公共场所主动与人交流。这些交流，不仅让小布什熟识了每一个同学的名字和基本特征，还让大家都对他留下了深刻而良好的印象。

2000年11月，小布什当选美国第43任总统。据统计，支持他的选票，有相当一部分是他在耶鲁大学和哈佛大学的校友通过自身庞大的人际网络和强大的社会关系带来的。根据这个现象，有人曾经开玩笑说："如果你能叫得出三分之一大学校友的名字，你也可以去参加美国总统的竞选。"

莎士比亚曾经说："还有什么能比我们自己的名字更悦耳、更甜蜜？"成功学大师戴尔·卡耐基也说过："一种既简单又重要的获取好感的方法，就是记牢别人的名字。"因此，女孩在社会交往中，一定要掌握牢记他人姓名这个技能。第一时间叫出对方的名字，是一种最简单的示好，更是一种最基础的尊重。

女孩在与人交往时，仅仅记住他人的姓名是不够的，在叫出他人的名字时，女孩还需要在以下几个方面加以注意：

1. 称呼对方时要注意场合和时机

见面时第一时间叫出对方的名字，从实质上说，是为了表明你对对方的尊敬和重视，而不是为了表现你那"超乎寻常"的记忆力。因此，在和他人打招呼时，一定要注意场合与时机，要考虑到此时以称呼姓名的方式打招呼是否合乎时宜，会不会给对方造成困扰。

2. 称呼对方时要注视对方

交流时目光注视对方，是沟通的基本礼貌，称呼对方时更是如此。女孩在称呼对方姓名时若目光游离、左顾右盼，会让对方觉得女孩心中并不尊重他，甚至可能认为女孩在拿他的姓名开玩笑。如此，称呼姓名非但没有起到表示尊重的效果，反而弄巧成拙。

3. 称呼对方时语气要温和

如果有人以一种非正常的口吻叫我们的名字，如凶狠的、尖厉的、调笑的、慵懒的、命令的、严肃的、威迫的、哀求的、冷漠的等，相信我们的心里也不会认为这是一次平等的、友好的交流。因此，女孩在称呼对方时，应保持一种平和、温婉的语气，营造出平等而自然的沟通氛围。

4. 不是什么人都可以直呼姓名

对于长辈或上级，即便女孩与他们的关系再亲密、他们再心胸豁达，女孩也不适宜直呼其名。否则会让人觉得女

孩目无尊长、不懂礼数。此外，确实存在少部分的人，对于自己的姓名本身或谐音并不满意，但碍于种种原因无法更改。他们在向他人介绍自己时，有时会主动表示"我并不喜欢自己的名字"。如果遇到这种情况，打招呼时应尽量不要直呼其名。

介绍自己，好的沟通带来好的"推销"

在每个人的人脉网中，除了自己的亲人，与其他人都是由路人到相识、由陌生到熟知的。初次见面、初次相识，双方得以展开交流的前提，便是各自的自我介绍；而双方的交流是否顺畅，是否能在融洽的气氛中进行下去，则在于自我介绍质量的高低。毫不夸张地说，自我介绍犹如一次"推销"，人们在这次推销中，只有努力地将自己最好的一面呈现出来，才能将自己"推销"给对方，才能收到满意的效果、达到心中预期的目标。

1990年，著名影视艺术家凌峰先生应邀参加了中央电视台举办的春节联欢晚会。当时，凌峰在台湾家喻户晓，可是，大陆的观众对他并不熟悉，很多人甚至连他的名字都没听过。然而，当他说了一段开场白、做完自我介绍后，观众

们立刻认同并喜爱上了这位来自祖国宝岛的幽默大师。以下便是凌峰的自我介绍：

"在下凌峰，我和文章（印尼华侨，歌手）不同，虽然我们都获得过'金钟奖'和最佳男歌星称号，但我以长得难看而出名。两年多来，我们去大江南北走了一趟——拍摄《八千里路云和月》。所到之处呢，观众给予我们很多的支持，尤其是男性观众对我的印象特别好，因为他们认为本人的长相很中国——中国五千年的沧桑和苦难都写在我的脸上。一般来说，女观众对我的印象不太好，有的女观众对我的长相已经到忍无可忍的地步。她们认为，我是人比黄花瘦，脸比煤球黑。但是我要特别声明：这不是本人的过错，实在是家父家母的错误，当初并没有征得我的同意就把我生成这个样子。但是，时代在变，潮流在变，审美的观念也在变。如果你仔细归纳一下，你会发现，现在的男人基本上分三种。第一种，看上去很漂亮，看久了也就那么一回事，这一种就像我的好朋友刘文正（著名歌手、演员、主持人，代表作有《乡间的小路》《外婆的澎湖湾》）；第二种，看上去很难看，看久了以后是越看越难看，这种就像我的好朋友陈佩斯；

第三种,看上去很难看,看久了以后你会发现,他另有一种男人的味道,这种就是在下……"

在凌峰讲话的这段时间内,观众们掌声不断、笑声连连。一段别开生面的自我介绍,让人们记住了这个来自台湾的歌手。而这段独特的开场白也成为美谈,一直为人们津津乐道。

自我介绍,是迈向社交的第一步,是堆砌人脉的第一块砖。一个好的自我介绍,就是一个好的开场白,一个好的交

流基础。无论是熟人推荐还是女孩自己主动出击,在陌生人面前,自我介绍总是免不了的。而一段新颖而独特的自我介绍,展现着女孩过人的口才和迷人的魅力,俘获着他人亲切的好感和赞赏的青睐。

要想给人留下深刻印象,在进行自我介绍时,女孩要注意以下四点。

1. 名字让人记分明

自我介绍时,通常第一项任务就是"自报家门",即道出自己的姓名。汉语中存在大量同音不同字或同字不同音的现象,因此,人们在自报家门时,往往会对自己的姓和名的读音、写法以及意义作出解释。这种解释越巧妙、越独特,越能给他人留下深刻的印象。一个人的姓名,往往包含着父母的愿景、出生的背景和文化的底蕴。对于自己名字的解释,往往能让他人在这一瞬间对你的文化修养、知识水平、性格特征乃至家庭背景等产生大致的判断。因此，女孩在向他人介绍自己前，不妨先认真研究一下自己名字的介绍方法。

2. "我"字不能句句说

人们在向他人介绍自己时，免不了要说一个"我"字。然而，"我"是一个主观性很强的字眼，在他人听来，带有浓重的个人主义色彩，如果频繁使用，很可能引起他人的反感。因此，在做自我介绍时，女孩使用"我"字要把握分寸，不仅在使用频率上要注意，语气方面也要注意。说"我"字时，不要拖长字音，不要加重语气，更不要表现出一种得意扬扬、盛气凌人的模样。另外，在介绍"我"时，最好不要用"第一""最""很""非常"之类的字眼，这样才能树立你在他人心中随和、谦虚的形象。

3. 换个花样聊自己

另辟蹊径的自我介绍，往往能勾起人们的好奇心，引起人们极大的兴趣。在"猎奇心理"的影响下，人们往往会选

择将这次交流继续下去。如此,只要女孩的人格魅力、交际能力合格,双方之间的交流就会扩展开来,并延伸到日后。

4. 分清主次

在求职面试中,自我介绍通常是简短的、要求效率的;而即便是在随意、轻松的朋友聚会中,也不会有人愿意花费长久的时间听一个陌生人滔滔不绝、长篇大论。因此,在有限的自我介绍时间里,女孩要学会分清主次、详略得当。在不同的场合、不同的人面前,要懂得分清哪些自我特质是应该浓墨重彩地描述、可以配给大部分时间的,哪些自我欣赏是应该一笔带过、及时让位的。

学会开场，沟通要先找好切入点

俗话说，万事开头难。一件事想要顺利地进行下去，通常需要一个好的开端作为基础。一次好的沟通，一场好的交流，往往是从一段好的开场白开始的。一段好的开场白，能给人以一种亲切、友好之感，消除彼此间的陌生感与隔阂，迅速拉近交流双方的距离。

赛珍珠是一名有着深厚中国情结的美国著名女作家，她获得普利策小说奖和诺贝尔文学奖的作品《大地》，就是她在中国居住时创作的一部描写中国农民生活的小说。第二次世界大战期间，赛珍珠以广播的形式对中国人民发表了一次演讲。这次演讲，震撼了中国人民的心。

演讲开头，她就这么说道："我今天说的话，并不是完全以一个美国人的身份讲的，因为我也是一个中国人。我一生的

大部分时间,都在中国度过。在我刚3个月大时,父母就带着我来到了中国。我学会的第一句话,是中国话;我交往的第一个朋友,是中国人。我从小就跟着双亲四处辗转……我敢自豪地说,无论我身处何地,我都与中国人亲如同胞。这一切都是因为,我小时候的游伴是中国孩子,我长大后的朋友是中国人。如今,虽然我人在美国,但是我没有忘记旧日的友人……"

在这段演讲中,赛珍珠反复提到中国大地上的一个个地名,强调自己和中国人的亲密关系,听到这番演讲的中国人,脑中会不由自主地浮现出这些地方的风土人情以及自己和赛珍珠类似的种种经历。原本,在大多数中国听众心中,赛珍珠是一个陌生的外国人,而这段开场白,让赛珍珠与中

国听众之间有了千丝万缕的联系。中国听众对于赛珍珠立即生出一种亲切感,从而更愿意用心倾听她接下来的演讲。

一段开场白,可能让交流双方觉得一见如故、惺惺相惜;也可能让交流双方兴味索然、话不投机半句多。结果之所以不同,关键在于女孩对于开场白的把握不同。女孩若能够灵活运用各种适宜的开场白打开局面,就等于在交际中掌握了主动权,占据了有利态势。想要多交益友、扩展人脉,女孩要先从开场白学起。

人际交往中,有哪些形式的开场白可供女孩参考呢?

1. 以问候语开场

以问候语开场,是最简单也是最常见的开场方式,通常是以"您好"或各种时段、各种节日的问候等加上对方的称谓来展开话题。以问候语为开场白,给人一种自然之感,会

让对方远离压力。这种简短的开场白,透露着两种信息:一是你在向他致以问候,表示友好;二是对方在更大程度上拥有决定权,他可以决定彼此的问候结束以后是否继续同你交谈下去,这便不至于让对方产生一种被动感。因此,有继续交流欲望的人,通常会以问候语开场后,再选择其他一种或几种开场来展开话题。

2. 以"拉关系"开场

很多时候,人们往往更愿意与那些和自己有一定相同、相近之处的人来往。例如,相同的祖籍、家乡,相同的姓氏、家族,相同的兴趣、爱好,相近的性情、品质……因此,女孩在与初识之人交流时,不妨先试着"攀一攀关系"。例如:"这么巧,您也姓章,咱们五百年前是一家啊!""听说您也爱骑马,真是巧了,我是来自内蒙古的女孩,从小在马背上长大的。"

3. 以"表白"开场

俗话说:"千穿万穿,马屁不穿。"我们并不是提倡女孩学会溜须拍马、曲意逢迎，但女孩应该明白，无论什么人，都是喜欢受到赞美的。对于不熟悉的人，尤其是初次见面的人，主动表达对他们的仰慕之情，是一种很好的开场方式。当然，这种"表白"需要有理有据，有礼有节，不可胡乱吹捧、夸大其词，如"久闻大名、如雷贯耳""今日得见、三生有幸"等话，应尽量少说。否则，会给人一种虚伪、做作之感。

4. 以"另类赞扬"开场

对于一些早已功成名就的人来说，他们的身边一直充斥着各种逢迎拍马或真心敬佩的人，因此，一般的赞美很难再入他们的耳、引起他们情感上的共鸣。对此，女孩可以尝试另辟蹊径，从旁人没有注意到或者不常歌颂的方面入手。例如，面对一个白手起家的纺织业大亨，你再去夸奖他的专业知识多么丰富、工厂规模多么宏伟、企业经营多么高效，他可能只是微微一笑，并不十分在意；但如果你夸他办公室里那幅书法写得遒劲有力，那个钓鱼大赛的奖杯多么难得，他恐怕会兴致盎然地跟你聊上半天。

第02章

看时间说话：话不在多，说对才行

晚点开口，先看清楚你的交际对象

有句话叫作："到什么山唱什么歌，见什么人说什么话。"善于交际的女孩，在开口之前一定会先了解每个交际对象，然后针对每个人的不同情况"按方抓药"，采取各种适宜的交流方式与之交流，从而达到理想的沟通效果。

有一位著名的口才大师在某大学为学生们作演讲时，讲了这么一个故事：

在一艘遭遇了航海事故的游艇上，原本正在一边观光一边谈生意的各国商人乱成了一团。眼看着船渐渐下沉，冷静的船长命令大副立即通知那些商人穿上救生衣跳海。结果，这些身家豪富的大人物个个临阵退缩，谁也不敢往下跳。船长见状，只好亲自出马。在船长的劝说下，商人们才一个接一个地跳入海中。

后来，漂泊在海中的人们遇到了一艘邮轮，大家都平安地获救了。大副缓过神来，问船长："船长，您怎么这么厉害，几句话就让他们都跳船了？您到底是怎么说的呀？"

"简单极了。"船长裹着毛毯，喝了一口热茶，背过一旁的商人们，小声说道："我对英国人说，跳海也是一项运动，于是他跳了。我对法国人说，跳海是一项多么标新立异的游戏呀，于是他跳了。同时，我警告德国人说，跳海不是为了闹着玩，于是他跳了。对俄国人，我只要说，跳海是一种革命的壮举，他们就毫不犹豫地跳了下去。"

故事说到这里，口才大师停顿了一会儿，然后问道："这些商人里，还有个美国人。在座的各位同学不妨猜一猜，这个船长对美国人说了些什么呢？"

口才大师这个生动而形象的故事，已经成功引起了学生们的兴趣，大家都听得十分入神。这时，听到大师的问题，学生们纷纷议论起来。正在大家交头接耳的时候，一位来自美国的交换生站了起来，笑着说道："身为一个美国人，从我的角度来说的话，能让我跳海的理由应该是一份巨额保险吧！"

此言一出，口才大师和学生们都大笑起来。口才大师说了句："没错"，然后就带领大家一起为这位交换生鼓起掌来。

俗话说："知己知彼，百战不殆。"每个人都有各自的性格、身份，都处在属于自己的生活环境和心理状态中。社会交往中，女孩只有根据现有的条件作仔细的观察和深入的分析，才能把握好每个交际对象的真实内心，从而有的放矢。

良好口才养成攻略

女孩在与人交际时，大致可以根据下面几个因素来决定交流方式或话题内容。

1. 性别

男女之间的生理区别，形成了两者大不相同的心理；性别的差异，决定了两者大相径庭的思维方式。因此，面对不同性别的交际对象，女孩要考虑到他们的心理差异。即便女孩面对的是两个性格、年龄、身份等因素都相同，唯独性别不同的人，也要学会因人而异。例如，面对相同职位、类似性格和年龄的男上司和女上司，女孩想要与之接近，对男上司，女孩应多谈他的成就、工作等；而对女上司，女孩可以尝试聊聊家庭、孩子等。

2. 性格

面对不同性格的人，女孩要学会用不同的方式来与他们沟通。雷厉风行的人不会喜欢拖泥带水的沟通方式，温婉平和的人难以接受强硬霸道的语气，每个人喜欢什么样的交流方式或内容，很大程度上是由其性格决定的。

3. 年龄

人们的身体和阅历等会随着年龄的增长而发生改变，随之而来的，是心理状态和精神面貌的变化。不同年龄的人，对于同一种交流方式或话题内容，能够接受的程度也不同。例如，对于"死亡"这个话题，与孩童谈及，他们可能还懵懵懂懂，答非所问；与青年人戏言，他们会当作玩笑，插科打诨；与中年人讨论，他们对此会有一定的认识，也会有颇多感悟；而对于老年人来说，这是一个他们十分不愿意探讨的话题，最好避免提及。

4. 身份

一个人的身份，是这个人在社会中扮演的角色，在很大程度上决定了他从事社会活动时选择的态度和方式，也决定了他对于他人的态度和方式的认可程度。例如，一个身居高位的领导者,他塑造的通常是成熟而稳重的形象,这是他对自己的要求,也是人们想象中他的形象。和这种人交流,如果女孩大大咧咧、不拘小节,甚至风风火火,很可能收不到理想的效果。

尊老爱幼，老少不能共用一套话

从长到幼、由老至少，每个人的交际圈中，都包含着各个年龄段的交际对象，谁也不可能一辈子只和某一年龄段的人打交道。而这些不同年龄段的人，有些可能是我们的师长，有些可能是我们的学生，有些可能是朋友的长辈，有些可能是同事的孩子。每一个人都有可能影响到我们的交际效果，都是我们人脉圈中的重要组成部分。因此，女孩在交际中，要掌握好面对各种年龄段交际对象的交流技巧。

小房在福利院工作一年多了，院里甭管是老人还是孩子，都爱围着她团团转，为此，她还在年底被评为福利院的"服务明星"。

同事小费来向她讨教经验，她说："这没什么难的。对待老人嘛，甭管他说什么，你听着就是了。他爱回忆过去，你就顺着他的话问下去，偶尔赞叹两句。另外，咱这是福利院，你不能问老人的孩子怎么样，这会惹人伤心。对待孩子嘛，你就笑眯眯地跟他说话。孩子犯错了也不要大声呵斥，这样对他不好。孩子哭了，需要安慰了，或者是比赛赢了，向你炫耀，你就看着他的眼睛，摸着他的头或脸说话。福利院的孩子们都渴望亲情，这种动作能让他们感受到被爱。总之啊，对老人就要说老人家爱听的话，对孩子就要说对孩子好的话。记住这一点，准错不了。"

随着年龄的增长，人们的心理状态会伴随生理的变化和阅历的丰富而逐渐改变，看待问题的角度和对待社交的态度也会不断变化。一个人即使从小到大、从幼到老都没有改变自己的脾气秉性，老年时的他爱听的话语也一定不再是少年时的那般模样。女孩想要做到八面玲珑，成为大众的宠儿，一定要学会以相应的方式应对不同年龄段的人。

女孩在对待不同年龄段的人时，应该分别采取哪些交流方式呢？

1. 对待儿童

这里指的儿童大致属于小学生的范畴，年龄在6～12岁。这个年龄段的群体，已经开始有朦胧的自我意识和自我评价，并且开始关注他人对自己的评价。但是，由于这个年龄段的孩子还没有掌握准确的判断标准，因此对于很多事情的判断还是依赖于成年人的意见。女孩在与儿童交往时，要和蔼可亲，不可疾言厉色，这样会损害你在孩子心中的形象，更会损害孩子的自尊心。和儿童聊天时，首先应蹲下或弯下身子，眼睛平视孩子，而不要高高在上地俯视孩子。其次，不要用大人的思维方式与孩子进行对话。最后，不要觉得孩子"还小""什么都不懂",就肆意地否定或挖苦他们,这样对他们的成长是极为不利的。

2. 对待少年

少年主要指12~16岁的群体。这个时期,人们基本处于中学阶段,生理、心理方面都出现明显的变化,由二次发育逐渐走向成熟,最主要的特点就是身心发展不平衡。很多少年会过高地评价自己的成熟度,而又不认为自己和成人处于同一个世界。很多青春期的少年表现出迷茫、叛逆、孤独、压抑的倾向,女孩在与少年交流时,应充分给予尊重和理解,引导他们说出内心的想法并用心倾听。一旦获得他们的认可,他们往往会将你视为可以信赖的人,将你纳入他们的"圈子"。

3. 对待青年

青年期通常指16~35岁这段时期,也可以称为人生的黄金时期。在这段时期内,人的生理和心理达到成熟,并且开始步入社会,在享受更广阔的社会空间的同时,开始承担相应的社会责任。这段时间是认识自我、实现自我、完善自我的阶段，人们开始成家立业，开始组建属于自己的家庭。处于青年时期的人，大多是血气方刚、积极向上的，用一位作家的话来说，这是一个"走路都要昂着头"的年龄。处于这个时期的人，一方面因为种种挫折而不断吸取教训，日趋成熟；另一方面小心翼翼地维护着自己的"面子"，无论人前人后都很难心甘情愿地承认错误和失败。在与青年相处时，女孩要学会保护对方的面子，不要与对方"比骄傲"。同时，女孩可以选择年轻人都喜爱的话题与对方交流。同龄人的优势能让女孩在面对青年时更加得心应手。

4. 对待中年

中年一般指35～60岁这段时期。在这段时期内，人们会渐渐进入并习惯一种相对固定的生活与思维方式。在面对问题时，成熟的中年人往往更懂得变通、追求实用，但是往往也会因为过往的经验而表现出一定的局限性。中年人通常懂得自制，更加谨慎而圆滑。社交中，他们很少表现出爱憎分明的情绪，往往波澜不惊、不动声色。女孩在与他们交往时，千万不要以为他们对你笑就是真的喜爱你，一定要深入他们的内心去探查"真相"。处于这个年龄段的人，尤其是处于中年后期的人，事业已基本定型，他们的心思更多地投注在家庭和下一辈身上。与他们交流时，赞扬他们的成就、讨教职场的经验、羡慕他们的家庭等，通常都能引起他们的谈兴。

5. 对待老人

老年人通常指60岁以上的群体，如今人们的生活水平不断提高，保养意识也逐渐增强，有的卫生组织已经将老年期起点推迟到65岁甚至更晚。与老年人聊天时，最忌强调他们的老、弱、病，也不要主动提及某些对于他们来说没有安全感的问题，如经济保障、子女经济纠纷等。老人的思维缓慢，听觉、视觉、记忆等均衰退，女孩与他们沟通时，一定要有十足的耐心，并始终保持温和的口吻。老人大多饱经沧桑，喜欢回忆往昔，与老人聊天时，引导他们回忆过往、谈论他们引以为傲的晚辈等，都是不错的话题。

分清场合，才能说出合乎时宜的话

聪明的女孩都懂得，在社交场合中，说话不仅要分清楚交际对象，要符合自己的身份，还要分清楚场合、因地制宜，这样说出的话才近人情、贴人心，这样说话的人才叫"会说话"，才能获得大家的喜爱。

沈悦初入职场，就有幸遇到了一伙儿不错的同事。整个办公室氛围融洽，大家团结友爱，不仅工作上互相帮助，在生活中也相互照顾，还隔三差五地搞一次聚会。

这个周五，大家约好下班后一起去新开的饭馆尝尝鲜。沈悦原本不敢插话，但热情的同事们还是邀请她一道前往。

下班后，大家一起来到饭店。落座后，几个活泼的女同事率先打开了话匣子，将大家的聊天热情调动了起来。

受到他们的感染，沈悦也活泼起来，她开启话题，不断追问着大家工作上的事宜。刚开始，几个男性还会回答她几句，后来，谁也不理她了，又开始了他们的话题。坐在一旁的范大姐悄悄对沈悦说："我们从不在聚会时聊工作，有什么工作上的事，等到了公司再说吧，我们会手把手教你的。"

合乎时宜的话，才能合乎大家的心意。在人际交往中，女孩要想让自己的话被大家接受、重视，体现自己良好的口才，要想在交往中占据有利地位，获得大家的青睐与赞赏，就要学会"到什么山上唱什么歌"，让自己说出的话符合自己所处的场合，这样才能收获理想中的交际效果。

良好口才养成攻略

女孩在各种社交场合中,应该怎样把握自己的话题呢?

1. 话题不要太"窄"

在社交场合中,尤其是人数较多的聚会中,女孩应尽量选择大众性的话题,对于那些受众较小的话题应尽量避免。有些刚升级做妈妈的女士喜欢在聚会上大谈喂奶、换洗尿布等,甚至在饭桌上讨论孩子的屎尿等;还有些女士聊到开心时,完全不顾身边还有他人,对女性内衣、女性生理甚至两性问题等高谈阔论,让在场的男士和未婚女性十分尴尬。此外,个人的兴趣、见解等,只要不是聚会的主题或是大众的话题,女孩也最好不要让这些话题占用过多的发言时间。

2. 话题不要太"逆"

每个场合都有自己的气氛,女孩在选择话题时,要根据场合的氛围来发言。在四世同堂为老人庆祝高寿时,女孩最好不要谈论疾病、死亡等他人忌讳或是让人悲伤的话题；而在吊唁等场合，女孩也不宜嬉皮笑脸，谈论一些"逆时"的话。在总结工作失败教训的会议上，女孩不要总是提及过去的辉煌；而在庆功会上，女孩也不要一再扫兴地指出工作过程中的失误。总之，即便女孩说"逆时"的话是出于好意，也应该在私下里提醒，而不要让自己成为那个破坏气氛的人。

3. 话题不要太"少"

在不同的场合中，女孩应准备好各种不同的话题。在职场中，女孩可以多和别人聊一些工作方面的问题，而在闲暇时的聚会中，女孩就没有必要太过敬业，把工作带到自己生活中的每个角落，以至于影响他人放松的心情。在相应的场合选择相应的话题，才能让交际对象有兴趣将这次交流继续下去。

看菜下饭，如何面对不同性格之人

很多时候，我们都有过这样的体验：同样一句话，对不同的人说，会产生不同的效果；同样一种语气，对不同的人说，也会收到不同的回应。之所以产生这种现象，是因为人们的性格是不同的，所以对于同一信息接收的态度和方式也有所不同。俗话说："量体裁衣，看菜下饭"，女孩在与人沟通时，要懂得先了解对方的性格，再选取相应的交流方式。如此，才能将话说得好听，说得有用。

自从换了一个部门经理，朱丹总觉得自己和领导沟通起来不再那么顺畅了。这天，她的工作还没汇报完，经理就又一次不耐烦地打发了她。她委屈极了，强忍着热泪走出了经理办公室。

她来到茶水间，强忍着不哭出声，一滴一滴地掉着眼泪。尾随她出来的韩姐看见她耸动的肩膀，叹了口气，走上前拍了拍她的肩，说道："怎么，又吃瘪了？好了，不哭了，这茶水间人来人往的，一会儿叫人看见了。"

朱丹接过韩姐递来的纸巾，擦了擦泪，抱怨道："韩姐，你说，我的工作态度没有问题，我汇报工作的方式也向来如此，怎么以前的张经理那么喜欢我，这个马经理就这么看不惯我呢？"

"孩子，你也不想想，这两人是一样的性格吗？张经理为人和善，他虽然自己不喜欢说话吧，可他爱看你们这些年轻人叽叽喳喳地说话，用他自己的话说，'从你们身上看到了生命的活力'。可马经理呢？她自己整天有说不完的话，每次开会没个两三小时根本不够用。你倒好，每次进去做工作汇报，我们在外面听着，你就没有停下的时候，小嘴儿在那儿'叭叭叭'说个不停。马经理插个嘴，你还打断她。你说，这能不让她憋得慌吗？本来啊，咱们做下属的，就应该少说多听，你倒好，给整反了。张经理以前给你惯出的毛病，可得好好改改了，听到了吗？"

人与人之间的个性差异，首先表现在性格上。性格是个性心理特征中的核心部分，是一个人稳定的态度系统和一贯的行为风格的心理特征。女孩在社会交际中，只有充分了解交际对象的性格，才能探知对方的心理，采取适宜的交流策略。要做一个受大家欢迎的女孩，先要做到把话说到人们的心坎儿里；要把话说到人们的心坎儿里，先要做到了解对方真正想听的内容。

良好口才养成攻略

心理学家根据各种不同的方式划分人类的性格，其中有一种划分方式将性格分为四类，分别为分析型、平易型、表现型和驾驭型。女孩面对各种性格类型的交际对象时，应该分别采取怎样的交流策略呢？

1. 分析型

分析型性格的人，往往把自己和他人看得壁垒分明。他们不擅长或是不喜欢社交，不喜欢别人无端地吹捧他们，或者说，吹捧对于他们来说是无用的。但是，别人一定要尊重他们，一些事务或活动，只要是他们应该知道的，即便明知道他们不会参加，也要事先通知他们。如果他们对于某件事给出了自己的意见，那么最好能够顺从他们。这种人不喜欢表现自己，他们认为这种行为是肤浅而幼稚的。因此，女孩在与这种人打交道时，切忌在他们面前"王婆卖瓜"。他们不喜欢豪放、粗犷的交流方式，也不喜欢对方畏畏缩缩、毫无主见，与他们说话时，斯文优雅、彬彬有礼是最好的方式。

2. 平易型

平易型的人通常缺乏自信，但拥有强烈而敏感的自尊。自信不足让他们不敢奢望也不敢享受别人的吹捧，而脆弱的自尊又让他们十分在意别人对他们的看法。他们很容易受伤，因此和他们交流时，最好采取拐弯抹角、迂回婉转的沟通方式，用稍微含蓄的语言来恭维他们、赞美他们，并有效表达自己对他们的关注。女孩与这种性格的人交往时，只要言语中没有轻视对方的意思，可以尝试略微强势一点，因为，强势而又欣赏他的人，会在他们心中占有极大的分量。

3. 表现型

面对表现型性格的人，女孩最好的交流策略就是倾听。交流中，把话筒交给他们，让他们成为主角，让他们"掌握"这次沟通的主动权。在他们侃侃而谈时，女孩可以适时地插入一些问题，将话题引向彼此都愿意谈论的内容。对于表现型性格的人来说，一个能好好听他们说话、"领会精神"而又永不知倦的听众，就是值得交的朋友。

4. 驾驭型

面对驾驭型性格的人，方法恰好与面对平易型时相反，最好杜绝一切拐弯抹角、迂回婉转的沟通方式，直来直往的聊天方式是他们的最爱。这种人讲究效率，无论是说话还是动作，节奏都很快，因此也希望与自己沟通的人能快人快语，干脆利落。而他们的控制欲，则要求与他们交际的人学会将决策权留给他们。尤其在众人面前，更要给他们"留足面子"。如果你和他们的意见产生分歧，那么最好将自己的意见作为一种补充"兼并"到他们的意见里。例如，驾驭型的人要大家周末去爬山，而你们早已计划好周末去唱歌，那么就可以说先爬山，然后晚上回来去唱歌放松一下。

分析型	平易型
表现型	驾驭型

第03章

女孩要想拥有好口才，先得打好基本功

能说会道，口才为女孩增添魅力

口才，反映着一个人的学识、兴趣、胸怀及涵养。一个舌灿莲花的人，不管走到哪里，都是人群中的焦点，都能获得大家的一致赞赏。人际交往中的沟通，很大一部分是需要通过语言交流来实现的。一个拥有好口才的女孩，能够利用自己优雅的谈吐，将自己的魅力展露无遗。

享誉世界的化妆品品牌玫琳凯成立于1963年9月，如今是全球最大的护肤品和彩妆品直销企业之一。它的创办者玫琳凯·艾施女士不仅在商场中呼风唤雨，在日常生活中，她也能时时让人感受到她的人格魅力。她的口才，经常让那些与她交流的人叹为观止，而又倍感体贴。

有一天，还处于创业阶段的玫琳凯和朋友一起去逛街，当她们进入一家服装店时，发现里面有两个女孩正在争执。

其中的金发女孩正在对镜欣赏自己试穿的衣服,陶醉之情溢于言表。然而,她的朋友黑发女孩却毫不留情地泼了她一盆冷水:"这件嘛,也就这么回事,我还是觉得之前那件好看点。那件衣服的扣子多好看啊!"

金发女孩闻言,立刻反唇相讥:"哪里好看了,那些扣子简直难看得要命,谁爱买谁买,反正我不要。"黑发女孩听了这话,心中有些不快,自己好心好意给朋友提意见,居然被这么数落,真是莫名其妙。她一赌气,不再说话。而发完脾气的金发女孩,也气鼓鼓地闭上了嘴。一时间,谁也不理谁,气氛尴尬极了。

玫琳凯见状,笑着上前打量了金发女孩一番,然后说道:"这件衣服确实很棒,它很好地凸显了你那种高贵的公主气质。这么富有特色的领子,如果再配上一条合适的项链,那真是再完美不过了。"金发女孩听了,立即随声附和起来,一边夸玫琳凯的眼光高,一边数落自己的朋友眼光低。

黑发女孩听了,含糊地说:"我也没说这件衣服不好,之前我也觉得它挺配你的气质的,还没来得及说出口,就让你一顿抢白。"玫琳凯又绕着黑发女孩转了一圈,笑道:"看,这个女孩的身材多棒啊!孩子,你也可以试试你朋友身上的这件衣服,它的线条能够完美地勾勒出你的身材。"黑发女孩终于笑了,点了点头:"其实我刚才也这么想来着,就是不知道合不合适。"

玫琳凯肯定地说:"试试吧,孩子,一定会给你带来惊喜。另外,这件衣服非常显肤色,如果你们再做一些面部护理,相信就能与它完美配合了。"

后来,这两个女孩都成了玫琳凯公司的顾客。而玫琳凯

女士的朋友，也通过这件事更加坚信玫琳凯能够获得成功。

内外兼修，是女孩拥有迷人魅力的基础，是女孩获得成功事业和幸福生活的源泉。魅力，表现在女孩的一举一动、一言一行中；人生，美化在女孩的言谈举止、风采气度里。女孩们，从这一刻就行动起来，让自己成为妙语连珠的魅力之星吧！

想要以好口才展现魅力的女孩，应该在哪些方面加以注意呢？

1. 说或不说，都要有一个度

女孩在与人沟通时，无论说话还是沉默，都要把握适当的度。不顾别人感受，一味自说自话、口若悬河，会让别人觉得你太过自我、缺乏自制力，甚至认为这是为了掩饰你内心的自卑或不安；只懂唯唯诺诺，从始至终不开口，则会让别人觉得你没有自信、毫无主见，甚至认为你不说话是因为害怕一开口就"原形毕露"。

2. 沉稳一点，让对方感到亲切

急躁、尖厉的话语，会让他人觉得说话者心浮气躁或目的性太强，缺乏诚意，双方之间难以建立亲切感。而亲切感，是良好沟通的重要前提。女孩在说话的时候，应当尽量保持心平气和的状态，以一种沉稳的语气与人交流。

3. 保持微笑，沟通更加容易

微笑，代表了一种尊重、一种好感、一种善意。人际交往中，一个微笑，往往能起到巨大的作用。争执双方的矛盾因为微笑而化解，陌生人之间的冰川因为微笑而消融。俗话说，"伸手不打笑脸人"，说的正是这个道理。面带微笑的女孩，无论在什么时间、什么场合，都能赢得他人的好感，让双方的沟通更加容易、更加顺利。

4. 声音动人，让交流更吸引人

柔和的话语，会让闻者如沐春风。优美的嗓音，是女孩社交中的一大利器。而对于先天嗓音条件不算理想的女孩来说，也不必灰心，你完全可以通过各种声音训练，让自己的嗓音动听起来。

声音动人，让别人更愿意与你交流

在《红楼梦》第三回中，曹雪芹运用"未见其人、先闻其声"的笔法，让读者在"凤辣子"王熙凤正式亮相前，先领略了她的笑声，让读者提前从中窥见她的性格。每当读至此处，总是不禁连连赞叹曹公笔法出神入化，寥寥数笔，就将一个泼辣、自负、因深受贾母喜爱而有恃无恐的王熙凤刻画得活灵活现。有人说，声音是一种名片，它传递着说话者的各种信息，性别、年龄、职业、性格等。是的，在这里，那一阵笑声，那一声"我来迟了"，就是王熙凤的名片，就是王熙凤给予林黛玉和读者们的第一印象。

声音，具有神奇的力量，它是一种看不见、摸不着，却能给人留下深刻印象的名片，它是一个人裸露的灵魂。声音，展示着言者的态度，更会影响到听者的心情。悦耳的声音，往往会为交流带来意想不到的效果。声音动人的女孩，在交谈中的一字一句，都能给听者带来美的享受，都能让女孩散发出优雅的魅力。

良好口才养成攻略

很多人认为声音是天生的，后天无法改变。其实，声音就像身材，不论先天条件多么好，后天也要加以注意；不管先天条件多么不理想，也是可以通过后天努力加以改善的。就身材来说，即便天生矮小，也可以通过形体训练和得体的服饰来修饰不足，突出优点；而对于声音来说，即便天生一副嘶哑、低沉的嗓音，女孩也可以通过发音、语速、吐字等方面的训练，让自己的声音动听起来。

那么，女孩该如何训练自己的声音呢？

1. 发音训练

在做发音训练时，女孩要学会用腹部呼吸，调节气息。

练习发声前，女孩可以先做几组深呼吸。吸气时，扩展胸部，收紧小腹，尽量深吸；呼气时，咬合牙齿，只留下一条细微的小缝，让气流由此慢慢地呼出。然后，女孩应放松声带，并给面部肌肉做热身活动。最后，女孩要练习鼻腔与胸腔的共鸣。那些歌唱家、演说家之所以声音洪亮，就是因为他们不是单纯靠喉咙发声。如果女孩学会了用腹部呼吸，再掌握共鸣的技巧，声音就会明朗起来。

2. 控制语速

语速过快或过慢，都会引起听者的不满。过慢的语速让人觉得拖沓，有时甚至会有窒息、百爪挠心的感觉。过快的语速则会打乱听者自身的节奏，使其跟不上言者的思路，最后还得言者重说一遍，费力不讨好。想要塑造声音的魅力，音色很重要，语速同样重要。女孩在练习把握语速时，可以参考新闻主持人的语速。

3. 吐字训练

让听者理解言者的意思，是有效沟通的前提。而让听者理解的前提，是言者尽量把每一个字都清清楚楚地送进听者的耳朵里。清晰的吐字，也会给音色带来积极影响。嗓音再好的女孩，如果吐字不清，每句话都说得含混，那么不仅会使她的音色大打折扣，还会令听者兴味索然。进行吐字训练时，女孩应从基础开始练起，认真掌握好每一个音节的发音。练习时，要保持口型端正，发音完整，字头发力，字尾不吞。

4. 音量训练

再动听的声音，再美丽的语言，也不适合从女孩的嘴里声嘶力竭地吼出来。在并不需要女孩振臂高呼、慷慨激昂的日

常生活中，女孩说话时，应适当降低自己的音量，使自己的声音听起来更柔和。当然，我们不建议女孩"大嗓门"，同样也不建议女孩"蚊子叫"，哪一个尺度的音量最适合自己的音色与性格，最能获得他人的认可，还需要女孩在生活中不断总结。

张弛有度，说话速度也很重要

任何事物，都有它自身相应的合适的节奏，说话也是如此。生活中，每个人的说话速度不同，带给他人的感受也不同。有的人活似"连珠炮"，叽里咕噜说了一大堆，听者还在挠着脑袋发愣；有的人恰如"懒羊羊"，半天时间过去了，总共没说出几个整句。面对这样极端的语速，相信大部分听者都会有相同的感触：跟这人聊天真费劲！

声音的感染力，在很大程度上会受到语速的影响。女孩若一味追求音色、语气，而忽略语速的重要性，会使她的口才大打折扣。女孩那魅力非凡的语言，不仅源自柔美的音色、适宜的语气、恰当的音调、动人的辞藻，还需要以恰如其分的语速为依托。

良好口才养成攻略

无论是过快还是过慢的语速，都是可以通过自觉自动、坚持不懈地自我暗示、调整、训练加以改善，逐步达到理想状态的。那么，在还没有完成目标，还没有将自己的语速彻底调整到令人满意的状态时，女孩该从哪些方面着眼，避免那不理想的语速再给自己"拉仇恨"呢？

1. 想清楚再开口

除了性格因素使然，有些语速不当的情况，是由说话者开口前的"懒惰"造成的。有些人说话太快，是因为开口前完全不经过大脑，想到什么说什么，言辞无组织、无逻辑，等他觉察到自己的错误时，又试图用更快的语速搅乱听者的思维，掩盖自己的错误；有些人说话太慢，也是因为开口前没有经过大脑，没有事先分析要说的事情，也没有组织好语言，开口后才想一句说一句。这些情况，只要说话者在开口前深思熟虑，都是可以避免的。

2. 你不是宇宙中心

经常提醒自己不是宇宙中心，能在一定程度上使语速不当的人的心态归于平和，并更加自觉地珍惜他人的时间。心态平和的人，不会为了"抢镜头"或"赶时间"而风风火火，也不会因为害怕出错或觉得"真无聊"而吞吞吐吐，他们能够用恰当的语速表达心中所想，不疾不徐的态度更加彰显他们的温文尔雅。而当女孩体会到他人时间的宝贵时，就会自觉地调整自己的语速，她们不会再一股脑儿地竹筒倒豆子，让人一头雾水，不得不重说；也不会再慢条斯理地拖沓，耽误自己的时间，浪费他人的生命。

3. 学会适时沉默

明知自己当下的语速并不讨喜，而又没有开口的必要时，适时沉默，不失为一种智慧的选择。适当的沉默，能让他人感受到女孩的稳重，也让女孩有了更多聆听的机会。在聆听时，每一个获得大家赞誉的言者，都是女孩的老师，言行举止间必有值得女孩学习的地方。这样的沉默，就像起跳前的深蹲：深蹲，是为了下一次起身时跳得更远；沉默，是为了下一次开口时说得更棒。

与人交谈，语气是不能忽略的重点

在日常交流中，相同的语句，用不同的语气表达出来，会带来不同的效果。我们不妨试想一下：当别人向我们道谢时，面对不同的语气，我们分别会产生哪些感受呢？如果道谢的人是真挚诚恳的，相信我们心中也很受用，觉得自己"没白帮这个忙"；如果对方是漫不经心的，相信我们心中会有不快，甚至怨自己"多管闲事"；而如果对方是厌烦甚至横眉怒目的，那么不仅双方之间的沟通难以进行，可能双方的交情也戛然而止。这，就是语气在沟通中的重要性。

"小刘是不是对我有什么不满，怎么一直对我不冷不热的？""嗐，你别多想，她那人就这样，跟谁都那么说话。上回主任还偷偷跟我说呢，她这说话口气，搞得整个办公室的人都觉得她才是领导。"

"听说上午你和蕾蕾吵起来了，怎么回事？""还不是为了昨天她把咖啡洒在我参赛作品上的事。""不能吧，她昨晚还跟我说呢，今天一早就去跟你道歉。人家都道歉了，你怎么还不依不饶的？""你问问当时在场的人，她那是道歉吗？侧着身子斜着眼，那口气，哪是来道歉，分明是来兴师问罪的。敢情，倒是我的错了！我把画放在桌上人走了，所以活该被泼？我还浪费了她一杯进口咖啡是吧？为了那幅画，我点灯熬油十几夜，她倒好，几秒钟就给我干掉了。本来嘛，也没指望这幅画能得什么奖，我就这点爱好，图一乐儿罢了。可那毕竟也是我的心血啊！她要是能真心诚意地道个歉，这事儿也就过去了，结果呢？""这孩子，还真是不太懂事。"

"听说你们科新来那个大学生是个'纯菜鸟'啊，什么都不会，连复印个文件都让老齐手把手教了好几遍。这么笨手笨脚的同事，怎么不见你们说她呢？老齐那么急的脾气，一句话说两遍都要瞪眼，教这个新徒弟倒是有耐心。""别说，这孩子虽然脑子不太灵，可是挺会来事儿。甭管谁帮了她，那准是一口一个'谢谢'，那语气啊，叫你都不忍心说她些什么。就连保洁大婶也喜欢她。有时这孩子毛手毛脚地打翻了杯子水壶什么的，那碎嘴子的保洁大婶也不念叨了，总是笑呵呵地抢过拖把来收拾。这年头，这么会说话的年轻人可不多了，由不得人不喜欢她。"

不会把握语气的人，往往会因为他人的"误解"而摸不着头脑："我明明什么客气话都说了，他怎么还是又臭又硬？"殊不知，语气表现了一个人的内心世界和思想感情，正是他那与言辞不相符的语气出卖了他的内心，让对方看透

了他的敷衍和目的。学会驾驭语气，是女孩修炼口才时必不可少的环节，是女孩与人交谈时不可或缺的能力。

良好口才养成攻略

驾驭语气，就是能够灵活地使用好语气的功效。人际交往中，女孩想要恰如其分地运用语气，应该考虑哪些因素呢？

1. 在跟谁说话

面对不同的人使用相应的语气，是驾驭语气最关键的一条。语气反映着女孩的内心，体现着女孩对听者的态度和感情。而这种态度和感情，会在很大程度上影响到听者对女孩的回馈。因此，聪明的女孩大多明白在不同的人面前大体上应该使用怎样的语气。例如，对待长者，女孩的语气应该是谦恭、敬重的；对待幼童，女孩的语气应该是怜爱、关怀的。

2. 在哪儿说话

在不同的场合中，女孩也需要选择相应的语气。一成不变的语气，难以适应女性日益扩张的社交范围。演讲台上的女孩，语气应该是神采激扬的；职场中的女孩，语气应该是干练、成熟的；家庭中的女孩，语气应该是温柔体贴的……每一种场合，女孩都要找到适合它的语气。

3. 为什么说话

锻炼口才，是为了更好地沟通；沟通，是为了更好地融入社会生活，实现自我价值。换言之，每一个人的每一句话，都是有"目的"的。这个目的，可能是发泄，可能是自我表现，可能是安慰他人，可能是表白心意，可能是劝服开导，可能是批评指正，可能是寻求合作，可能是道谢致歉……目的不同，相应的语气也不同。女孩只有懂得"对症下药"，才能实现目标。

第04章

戳中虚荣心：一句话就能触动对方

间接赞美，一种高明的赞美方式

很多时候，一些过于直接或露骨的赞扬，并不能达到理想的效果，甚至会引起被赞者的不满情绪。这种时候，女孩不免疑惑：这人不喜欢别人直截了当地夸他，难不成还要"拐弯抹角"地夸？对于有些人来说，女孩确实有间接赞美他们的必要。

清代乾嘉时期鼎鼎大名的才子袁枚，在二十多岁的时候就得中进士，后被任命去某地出任知县。赴任前，袁枚向老师辞行，老师教导他说："官没有你想象中那么好当。你年纪轻轻就成为一方长官，自己为做官做了什么准备吗？"

袁枚答道自己并没有准备什么，只是准备了一百顶高帽子。老师闻言大怒，斥责袁枚枉读圣贤书。袁枚赶紧说道："恩师教诲，学生并不敢忘。只是如今世风如此，人人爱戴

第 04 章
戳中虚荣心：一句话就能触动对方

高帽，像老师这般清高自爱的人，又能有几个呢？"

老师闻言，转怒为喜，点了点头。师生二人又说了会儿话，袁枚便起身告辞。走出老师家的大门后，袁枚感叹道："这一百顶高帽子，我还没上任，就先送出去一顶。"

> 今世风如此，人人戴高帽，像老师这般清高自爱的人，又能有几个呢？

性格决定了人们的行为和态度，对于那些内向、低调、谨慎而理性的人来说，那种直言不讳、高调而夸张的赞美，是很难消受的。既然"正面"荆棘丛生、阻碍重重，那么女孩不妨"声东击西"，从侧面迂回绕行，最终必然"攻城拔寨"。其实，间接赞美不惟对低调谨慎的人奏效，对于大部分人，间接赞美的效果反而优于直接赞美。

良好口才养成攻略

女孩可以使用哪些方式，让自己的间接式赞扬奏效呢？

1. 背后赞扬

背后夸人，是一种"本小利大"的赞美方式。在很多人眼中，背后的赞美更加真实可靠，更加充满诚意，因为人们通常会认为，背后的赞美出自单纯的欣赏，这种赞美不是功利的，也没有什么图谋。因此，当背后的赞美传入被赞者的耳中后，被赞者很容易对赞美的发出者产生好感，从而迅速拉近两人之间的距离。

2. 借他人之口赞扬

借他人之口赞美别人，尤其是借对方敬佩之人的口赞美对方，能收到意想不到的效果。首先，这样的方式会让你的赞美听起来更加真诚，更加可靠；其次，你对于他人意见的采纳，也表明了你敬重的态度，等于一句话夸了两个人；最后，你对于他人的敬重，也更容易让被赞者对你产生一种"英雄惜英雄"的亲近感。

3. 虚心请教

虚心的请教，也可以融入赞美的词句，例如："您这么年轻就进入国际公司的领导层，方便给我们分享一点经验和心得吗？"其实，虚心请教这种行为本身，就是一种对他人的认可、赞美。尤其对于那些好为人师的人，你的请教让对方"过把瘾"的同时，也会让你们迅速地亲近起来。

4. 从身边人开始赞扬

对于很多人来说，尤其是对于很多已经成家生子的女性来说，别人夸奖她的爱人或孩子，更能令她开心。如果他人在赞美她们的身边人时再带上女性本人，那更是锦上添花。例如："您的女儿太漂亮了，您看这大眼睛，您看这柳叶眉，还是您的基因好！""这条披肩你老公给你选的吧？他真舍得给你花钱，这披肩可贵了！他眼光也好，这颜色特别衬你的肤色。"

有的放矢，从对方的最自豪处切入

美国心理学之父威廉·詹姆斯曾经说过："人性深处最大的欲望，莫过于受到外界的认可与赞扬。"在人们的社交活动中，赞美他人，是一种社交智慧，需要一定的技巧。生活中我们经常发现，有时候，我们费尽口舌地把人从里夸到外，还不如四两拨千斤地抓住对方最自豪的一点简单夸上两句得来的效果实在。

早就听说对手公司的郑董平日老练持重、不苟言笑，准备与他谈判的尹悠心里不免发憷：这样一个对手，要如何应对呢？因为这份担忧，她专门抽出时间来调查郑董的经历，做足了功课。

双方见面握手后，尹悠说道："郑董，早就听说您年轻时爱好运动，还破了我市200米短跑的纪录，且这个纪录至今无人打破。没想到，这么些年过去了，您的体格不减当年，还是如此健硕。"

郑董闻言，竟微微一笑，说道："看来小姑娘特意调查了我。不错，我对运动的喜好，至今没有减退，我每天都要锻炼1小时。"

尹悠听了，忙向郑董讨教保持身材的绝招。就这样，一段寒暄过后，双方在轻松愉悦的氛围下开始了正式谈判。最终，两家都获得了较为理想的结果。

凡事对症下药，才能收获理想的效果，赞美也是如此。每一个人都有自己最引以为豪的一面，女孩在与人交际时，如果能够抓住这一点，有的放矢，"重点照顾"，所收获的效果绝对大大超过蜻蜓点水式的"遍地开花"。

良好口才养成攻略

那么，在社会交际中，女孩想要一针见血地夸到对方心里，需要从哪些方面着手呢？

1. 对交际对象有一定的了解

俗话说："凡事预则立，不预则废。"女孩想要在赞美人时字字顺人心意，句句动人心田，首先要对赞美的对象有一定程度的了解。这种了解不仅要包括对方最得意之事，还要包括对方最失意之事、最忌讳之事、最在意之事等。因为在很多时候，你大费周章地夸了对方一通，很可能由于一个不小心触及对方的"逆鳞"，而让你之前的所有努力都付诸东流。

2. 在相关方面有足够的知识

赞美别人的得意之处时，女孩需要有将这个话题延展、铺伸的能力。例如，你夸对方书法写得好，不能从头到尾不停地重复"写得真好""太棒了""从没见过这么好的书法作品"等话。双方相谈甚欢的前提，是你掌握一定的书法知识，能让这个话题更加丰富饱满，让你的赞美更加真实生动。哪怕只是一句"颇有魏晋风骨"，也总比"写得像哪个大书法家似的"更让人觉得可信。你表现得越了解，对方越会觉得你的赞美出自真心，而不是敷衍搪塞或刻意逢迎。

3. 对各种赞美技巧有所掌握

在前文我们介绍过，不同性格的人对于赞美有着不同的表现，这就要求女孩掌握多种赞美技巧，能够随机应变，见招拆招。直接赞美不行，就试试侧面赞美；普通赞美不行，就试试特殊赞美。总之，把赞美说到对方的心坎里，才算成功。

学会赞美，赞美也是一种力量

对于每一个人来说，获得他人的赞美都是一种内心深处的渴求。有位作家曾经说过："赞扬是一种精明、隐秘和巧妙的奉承，它从不同的方面满足给予赞扬和得到赞扬的人们。"赞扬不仅可以给他人带来不同程度的心理享受和情感激励，也会为我们带来切实的益处，或许是一份好心情，或许是一份青睐，或许是一个惺惺相惜的好朋友。

这个秋天，明明和军军就要进入小学，成为正式的学生了。两家的家长为了孩子能够分进"快班"，都使尽了浑身解数。然而，他们最终却被校方告知：本校对于全体学生一视同仁，并不打算开办所谓的"快班"。

对此，两家的家长有截然不同的态度。明明的妈妈总是对孩子说："你不能光跟自己的同学比，你们学校没快班，你得更努力。看你这次，才考了个B，你要是在快班，肯定得垫底啊！"而军军的妈妈却说："孩子，你真棒，这么难的卷子也能答对这么多。上回考了C，这次就考到B了。我相信，你是班里最聪明的孩子，只要你好好努力，一定能考到第一名的。如果学校有快班，你也一定是快班里最优秀的孩子。"

半个学期下来，明明仍在班里的中游徘徊，并且对学习提不起兴趣；而军军则在一次次的进步中成为整个年级的榜样。

赞美能在给他人带来力量的同时，为女孩自己的人脉添砖加瓦。一个懂得赞美他人、不吝赞美之言的人，是一个

能够在社交中迅速拉近双方距离的人,是一个人人都愿意交往、愿意亲近的人。女孩的一声赞美,可能让自己成为他人的"恩人",更可能为自己迎来成功路上的贵人。

良好口才养成攻略

女孩在日常交际中,应该怎样运用赞美的力量呢?

1. 真诚地赞美

一声赞美,会让人觉得是褒扬还是逢迎、是夸奖还是挖苦,关键在于女孩的态度是否诚恳、言辞是否真挚。赞美别人时,女孩可略作夸张,但绝不可漫天胡侃;女孩要真心诚意,而不可漫不经心或过分热情,否则就会让人怀疑你的真实目的。

2. 大声地赞美

人际交往中,人与人之间最直观的表达就是语言,而人们最容易获取信息的渠道也是"听"与"说"。一声落落大方的赞美,效果远远好过一个眼神鼓舞或一个点头致意,中国人推崇的含蓄美没有必要在这种时候使用。该赞美的时候,女孩应当自然大方地送出自己的褒扬和祝福,而不要忸怩作态。

3. 具体地赞美

赞美别人时,真诚一定比虚伪效果好,有声一定比无声效果好,而具体也一定比笼统效果好。例如,夸一个女孩时,如果只知道说她"真漂亮",她会开心,但也只会认为这是一种礼节性的交际辞令;如果具体到说她的眼睛很大、鼻型很正,她会更加相信你的赞美是出自真心。

弥足珍贵，不要让你的赞美"掉价"

赞美是这个世上最动听的语言。然而，日常生活中，我们也有这样的经验：再好吃的食物，吃多了也会觉得寡淡；再有趣的事，做多了也会觉得无聊。同样，赞美的话即便再动听，如果毫无节制地使用，也会让人觉得"廉价"，没有意义。

小朱从小就是出了名的"甜嘴巴"，经常几句话就夸得人满脸喜色。工作后，她将这种特长运用起来，虽说没有达到想象中的效果，但也让她能与同事融洽相处。

这回，老板带着她出差，双方的代表在酒店的大堂会面。见面后，双方先礼节性地握了手，随后，小朱就夸起对方那位西装革履的代表："翟老板吧？一看您就是器宇轩昂，身材保养得真好，穿衣打扮也很有品位，怪不得您的企业这么成功，从这些细节就能看出您的成功之道，您看您这领带……"

她一大串的话说完后，对方才尴尬地指着自己后面那位大腹便便、衣着朴素、被小朱误认为司机的男子说："这才是我们翟总，我是他的秘书。"

小朱心中暗暗叫苦，她知道，这一次谈判中，她是发挥不了作用了。

赞美，可以温暖他人心灵，可以润滑人际关系，应该赞美的时候，女孩不可吝啬，应尽情地赞美。但是，温暖多了，他人会怀疑你的意图；润滑多了，对方会觉得你太油

滑，以致你的赞美不再动听，不再珍贵，不再能引起他人心中的波澜。

良好口才养成攻略

那么，女孩在与人交际时，应该注意哪些方面，让自己的赞美不掉价呢？

1. 不要忙不迭地赞美

很多人在与他人初次见面或是尚不熟识时，就开始忙不迭地赞美。这样的赞美不仅缺乏诚意，让他人难以受用，更会降低自己在他人心中的分量和他人对自己的好感。赞美他人，要建立在自己对他人有一定了解的基础上，并且需要有一定的铺垫。例如，面对一位事业有成的人，上来就说"久闻大名、如雷贯耳"，效果肯定比"听说您是××公司的董事长，贵公司是业界的榜样，您的才干也让我仰慕已久"要差。

2. 不要舍大求小地赞美

在一些众人参与的场合，女孩赞美他人时不要过于突出某一个人或几个人而忽略了其他的大部分人。在人多的场合，面对他人单独提出的褒扬，或许很多人会志得意满，但不可否认还是存在一些会因此而尴尬、不习惯的人。此外，虽然这种赞扬令小部分人很是受用，但同时也得罪了一大部分被"间接贬低"的人，这无疑是一种得不偿失的做法。

3. 不要一个劲儿地赞美

女孩在赞美他人时，切忌轻易、频繁、长时间地发表溢美之词。即便是在一些喜庆气氛浓烈的场合，长篇大论的赞美，也许会让当事人喜上眉梢，但很容易让旁人觉得你有溜须拍马之嫌。轻易、频繁地赞美他人，或许会让有些人认为你"会说话""嘴巴甜"，但更多时候会让人们认为你的赞美并不那么"值钱"。真诚的赞美，应该发生在他人有了杰出的表现或突出的成绩之后，而不是围绕着"衣食住行""柴米油盐酱醋茶"等琐事不停地出现。

第05章

幽默的语言：智慧的女孩必受欢迎

攻其不备，转折与巧合造就幽默

莎士比亚曾说："幽默和风趣是智慧的闪现。"真正的幽默，是出其不意的灵光一现。一句出人意料的话，使人们感受或联想到一种意料之外的结果，由巧合和言外之意带来的韵味，往往会令人忍俊不禁，笑后又觉颇有意味。

在某次演讲大会中，第一位先生洋洋洒洒的大段演讲，占据了大会一半的时间。台下的听众们起初还听得饶有趣味，到第一位先生下台时，有大半的听众早已昏昏欲睡。

这时，第二位先生款款地走上台去，听着台下那礼貌性的、稀稀拉拉的掌声，他突然将演讲稿扔进垃圾桶，并清了清嗓子，说道："我认为，好的演讲就应该像美女的裙子，越短越好！"此言一出，听众们精神一振，掌声立即响遍了整个礼堂。然而，这位先生并没有"兑现承诺"，他将美女的裙子再次拉长。但与前一位不同的是,他的演讲风趣生动,内容始终紧紧围绕在座听众们关心的话题;并且,他专门用了大段时间来阐述"为什么演讲一定要简短"这一问题。在他妙语连珠的演讲下,听众们聚精会神,掌声、笑声不断,一小时很快就过去了。

当这位先生下台时,听众们才猛然发觉,自己在不知不觉中"上了当"。然而,演讲者这样"言行不一、自我矛盾"的行为,却让大家会心一笑,感到了一种别样的风味。

俗话说,出其不意方能一招制敌。很多时候,大段地"演讲",大汗淋漓地"上蹿下跳",其效果远不如冷不丁

的一句妙语令人捧腹过后而又回味无穷。因为，对于突如其来的"变数"，人们往往是措手不及且毫无还击之力的。只要抓住时机、用好妙言，女孩便能轻轻松松地让大家在瞬间"臣服"于你的幽默。

良好口才养成攻略

那么，女孩在展现幽默时，有哪些方法可以助你达到攻其不备的效果呢？

1. 先铺垫，再"下手"

当对话自然、流畅地进行时，话风陡变，以一种出其不意的方式结尾，能达到令人瞠目结舌而又幽默十足的效果。而这种效果，离不开前面对话时做的铺垫。好的铺垫，往往能带来强烈的对比，使幽默的效果更加卓著。例如，一位老太太拿着一本旧的作业本来到某位政客面前，让他评判作业本的主人。政客傲慢地说："这么潦草的字迹，这么破的作业本，这孩子肯定又懒又不听话，以后不会有什么出息的。"老太太冷笑道:"这是你小时候的杰作。"

2. 先"荒唐",再解释

这是一种转折表达法。先向他人讲述一个听来匪夷所思、荒诞不经的结果或观点,当对方感到莫名其妙时,再给出合理而巧妙的解释。例如,一人听说股市暴跌,忙去问他的朋友最近心情如何。朋友说自己每天睡得像婴儿。那人正惊叹朋友心态好时,朋友解释道:"经常是睡着睡着就哭醒了。"这样,既表达了自己遭遇股市重挫的心情,又不失时机地幽默了一把。

3. 先承诺,再"变卦"

当语言和接下来的行动很不一致,形成一定的反差时,有时反而会带来"冷幽默"的效果,令他人在反应过来时哑然失笑,却又为这种趣味所动容。前文故事中的第二位演讲者,就是利用了这种方式来给自己的演讲制造了演讲内容本身之外的又一重幽默。

百变幽默，总有一种方式适合你

每一种思想，都有不同的表达方式，从语言的选择到语气的运用，从时机的节点到场合的氛围，种种因素都影响着表达的效果，展现着不同的风采。幽默同样如此。对于女孩来说，一句风趣之语可以是幽默，一句俏皮回应可以是幽默，有时，甚至只是一句轻轻的娇嗔，也可以带来令人捧腹的效果。

被人们评为美国最伟大总统之一的林肯，是位不折不扣的"幽默行家"。

在美国前后数十位总统中，林肯的其貌不扬是出了名的。然而，他自己并不介意，还经常以自己的相貌自嘲。在竞选总统时，民主党人道格拉斯和林肯展开辩论。辩论中，道格拉斯指责林肯是两面派。林肯不慌不忙地回击道："大家不妨想想看——如果我真的有第二副面孔，我还会戴着这张脸吗？"台下的听众无不为林肯的机智幽默打动。

有一次，林肯正在做演讲，台下传来一张纸条。林肯打开一看，上面只有"傻瓜"两个字。林肯明白这是反对派在捣乱，他没有动怒，而是微微一笑，说道："我曾经收到许多纸条，笔者都忘了写自己的名字；而这张纸条恰恰相反，只写了名字。"大家听完，哄堂大笑。林肯就这样轻松地化解了尴尬的气氛。

幽默是一种智慧，而智慧从不拘泥于某种形式，从不受困于某种教条。通向一个终点的道路，可以有很多条；制造幽默的方式，也可以有许多种。在实际应用中，女孩应从自身特点出发，不断积累、丰富自己的幽默"手段"，让自己成为一个能为大家带来更多欢乐的人。

良好口才养成攻略

那么，在与人交往时，哪些幽默方式值得女孩借鉴呢？

1. 一语双关

语义双关，是幽默语言中最古老、最常用的修辞手段之一，通常是利用同音异义词或一词多义的现象形成意思风趣诙谐的幽默效果。例如，姑娘赌气拍了男朋友一巴掌，男朋友说："君子动口不动手。"姑娘立刻说："那好，我动口。"说着咬了男朋友一口，她消了气，男朋友也被逗乐了。这里，"动口"的引申义是讲道理，但姑娘采用了原意，起到了令人不禁莞尔的作用。

2. 避实就虚

将对方的实话当作虚话或是将对方的玩笑当作真话，以此把话题继续进行下去。无论你是随口调侃还是装作一本正经，主要目的都是以轻松幽默的方式将可能变严重的问题或凝重的气氛及时解决、改变。例如，丈夫觉得饭菜很咸，而太太的脾气火爆，这时，丈夫并不直接点出问题，而是问："你家里有盐场的亲戚吗？"妻子回答"没有"后，丈夫用更轻松的语气说："那以后家里的盐还是省着点用吧，供房供车压力可大呢！"妻子明白了丈夫的言外之意，也没有生气，只是一笑置之。

3. 张冠李戴

故意将对方的意思曲解，利用指代人称的转换或是断章取义等方法，可以营造出奇妙的幽默效果。故事中林肯把纸条上的"傻瓜"由内容变成签名，就是一种张冠李戴、故意曲解的方法。

开动脑筋，幽默往往来自联想

当接收到来自外部的信息时，我们的大脑会将脑中原有的"信息库"与外部信息建立种种的联系，这就是我们常说的"联想"。可以说，我们的大脑是一个加工器，通过它的处理，我们能够理解接收到的信息，并有一定的创新。而语言要产生幽默效果，便离不开大脑在各种情境中对于语音、词汇等语言要素的联想。

在幽默的语言中，各种联想方式五花八门，真可谓"只有你猜不到，没有别人联想不到"。许多家喻户晓的幽默故事中，那些人人敬仰的幽默大师们，就是用联想缔造了那些经典。

常见的联想方式有以下两种。

逆向联想：安徒生是个生活简朴的人。一天，他又戴着自己那顶旧帽子走在街上。一个路人经过时，笑道："你脑袋上是个什么玩意儿，那还能称作帽子吗？"安徒生立即回敬他："你帽子下是个什么玩意儿，那还能称作脑袋吗？"

因果联想：有一次，马克·吐温乘坐火车出行，火车的龟速令他恼火。于是，当乘务员查票时，马克·吐温弄来了一张儿童票并向其出示。乘务员挖苦地说："我真没看出您是个儿童！"马克·吐温故作认真地回答道："是的，先生，如您所见，我现在已经不是孩子了，但我买票上车的时候，确实还是个孩子！"

过人的联想能力，往往来自不同凡响的发散性思维。关于发散性思维，人们又叫它扩散性思维或求异思维。简单来说，就是以我们接收到的信息为中心，然后从不同的角度、方向、途径展开设想。它能带给我们各种不同的答案，更能为女孩带来数不胜数的幽默方式。

那么，女孩在平时的生活中，应当怎样锻炼自己的发散性思维呢?

1. 想象力也要多练习

大部分人的想象力,通过合理、持久的思维训练,是能够达到令其满意的水平的。而这种思维训练,并不一定要什么专业的团队或教材来辅助,生活中,女孩一样可以利用身边的各种事物来训练自己。例如,看到一条鱼,女孩可以想象各种吃它、用它的方法。你会发现,在种种奇思妙想中,你的想象力在与日俱增。

2. 不追求"标准答案"

在传统的教育模式中,很多人习惯探寻一个"标准答案",并以此为一种准绳。在这种教育模式渐行渐远的今天,曾经受到影响的女孩也不必因此而耿耿于怀。摒弃过往的习惯,不再多想"只能这样",而是多问问自己"假如那样会怎样",主动让自己多换几个角度去思考问题。

3. 打破思维定式

很多时候，束缚我们的不是未知，而是已知。已知的知识，可以让我们在某些领域如鱼得水，但也会固定我们的思维模式，阻碍我们创新的脚步。有些时候，我们不妨试着用逆向思维去看待问题，多去想想：如果某件事用完全相反的方式处理，会出现什么结果；如果已知某件事的结果，那么在最初，你又可以想出几种不同的方法呢？

学会自嘲，你的人缘更上一层楼

任何能力都有高下之分，幽默也是如此。在分出"三六九等"的"幽默品级"中，可以说，"自嘲"是幽默的上上之品。自嘲不是妄自菲薄，更不是自轻自贱，它是一种极高的境界，是一种只有拥有足够自信和超脱心态的人才能灵活运用的技巧。

在一次采访中，童话大王郑渊洁以十足的自嘲方式，展现了他的幽默之心和自谦品格。

记者问郑渊洁为什么选择写童话，郑渊洁说："我是懦夫，不敢像刘胡兰那样为改变世界献身，就通过写童话逃避现实。"对于创办《童话大王》月刊，他表示："我心胸特别狭窄，已经狭窄到不能容忍和别的作家在同一报刊上同床共枕。"

当记者觉得郑渊洁一个人写《童话大王》月刊写了20年，十分"不可思议"时，郑渊洁笑道："这是懒惰的表现。写一本月刊写了20年都不思易帜，懒得不可救药。"而面对记者提出的"如果让你给自己写墓志铭，你怎么写"这样的问题，郑渊洁的回答让人拍案叫绝："一个著作等身的文盲葬于此。"

海利·福斯第曾经说过："笑的金科玉律是，无论你想笑别人什么，先笑自己。"自嘲是一种通过自我嘲讽达到自我调节乃至于调节众人心态的法宝。当女孩学会以轻松的口吻开涮自己的缺点或错误时，她的不足或失误之处，往往

更容易获得他人的谅解；当女孩懂得主动自嘲以解他人之困时，她在众人心中的印象，更会得到意料之外的升华。

良好口才养成攻略

那么，对于女孩而言，自嘲都有哪些妙处呢？

1. 调节气氛

人际交往中，现场的气氛或许会因为彼此的不熟识或差距而紧张，或许会因为某人的错误或某种特殊情况而尴尬，这个时候，一句恰到好处的自嘲，可以让大家莞尔一笑，轻而易举地化解紧张或尴尬等令人不悦的气氛。

2. 调整心态

如果造成紧张或尴尬气氛的就是女孩本人，那么自嘲这一举动十分有利于女孩迅速调整好自己的心态。当错误已经发生，或是他人已经发现女孩的不足时，一味地逃避、遮掩只会让女孩更加紧张，让众人陷入更加不良的气氛。此时，一句轻松幽默的自嘲，不仅可以让他人一笑了之，也能让女孩在良好的气氛中及时调整自己。

3. 展现风采

一个敢于自嘲的人，首先是自信的；一个善于自嘲的人，必然是幽默的。一个人只有拥有足够的自信，拥有乐观的心态，才能够正视并敢于放大、暴露自己的缺点与不足，且不吝于以此博人一笑。能够以自嘲来自我批评、自我检讨并调动众人欢乐情绪的人，本身就有相当强的幽默功力。自信而又幽默的人，如何能让大家不想亲近呢？

第06章

用你的语言：说动对方迈开他的腿

动之以情，让他无法抗拒你的话语

我们都有过这样的体验：当别人一本正经地不断用那些道理、事实与我们交谈，试图以此来说服我们顺应他的心意时，即便明知他说得合情合理，即便此刻我们犯下了不可饶恕的错误，我们还是容易对这种论理、说教无动于衷，有时甚至会感到厌烦。但如果对方换一种方式，以真挚的感情为基础，满怀诚意地与我们沟通，那么他所说的话则更容易钻进我们的心里。这就是以情感人的力量。生活中，想要他人按照我们的意愿行事，女孩不仅要懂得晓之以理，更要学会动之以情。

在成为总统前，林肯曾做过律师，他曾接过一个这样的案子：一位每个月只能依靠抚恤金糊口的烈士遗孀，遭到了出纳员的勒索，她每个月必须向其交纳一半的抚恤金作为手续费。林肯听说后,勃然大怒,尽管这个案子十分棘手,但他还是接了下来。

开庭后,身为原告的烈士遗孀无法提供证据,因为出纳员是口头勒索。也正因如此,狡猾的被告一口否认了烈士遗孀的控诉。在重视证据的法庭上,眼看局势就要向着不可挽回的方向发展,林肯并不慌张,开始了他的陈词。

林肯并没有强调因为被告的狡诈而使原告没有证据,也没有试图从其他角度确证被告的违法事实。他另辟蹊径,打了一场令人津津乐道的官司。首先,他带领着法庭上的人们一起回忆了美国独立战争。他的眼中饱含泪水,深情地描述那些战士们是如何战胜艰苦的环境,不畏牺牲地浴血奋斗。说着说着,他的情绪激动起来,斥责之语犹如利剑一般,直指那位贪婪的出纳员。最后,他以一个反问为结语,作出了结论:"如今,事实已成为陈迹。1776年的那些英雄们早已长眠于地下。然而,英雄的妻子,这位苍老而可怜的遗孀,还站在我们面前,要求我们为她申冤。这位老弱的妇人,曾经也是一位美丽的少女,也拥有过幸福快乐的家庭生活;然而,她已经牺牲了一切,变得穷困无依,不得不向我们这些享受着烈士争取来的自由的人请求援助和保护。敢问，对于此，我们能视若无睹吗？"

林肯话音刚落，听众立刻沸腾起来。他这些打动人心的话语，令在场的人们或唏嘘长叹，或潸然泪下，或慷慨解囊，或恨意陡生。最后，在听众的一致要求下，法庭判决烈士遗孀胜诉。

相较于男性，女性的情感更为细腻，女性的心思更为敏感。如果说男性更习惯于以激情燃烧他人、鼓舞他人，那么

女性则更善于以柔情感化他人、抚慰他人。在日常的人际交往中，在求人办事、引导他人观念时，女孩应充分利用自身的性格优势，以真挚的情感撼动对方的防线，以温柔的关怀消除对方的抵抗，令对方在你的真情中，真正地、主动地认同你、支持你。

那么，在以情动人时，女孩需要注意哪些方面呢？

1. 让对方切切实实地感受到你的真诚

无论我们觉得自己的情感有多么真挚，自己的想法有多么体贴，如果对方感受不到，那也只能是"浪费感情"。很多人怀抱着真诚，关怀着对方、体谅着对方，却不懂怎么表达，不知道怎样让对方明白自己的心意，有时甚至弄巧成拙，令对方误会自己在无事献殷勤。究其根本，是其表达方式出了问题。真诚的感情，是深挚的；而真诚的语言，则是质朴的。想要让对方感受到你的心意，无须多么华丽的辞藻，无须多么动容的表达，只要直白地道出你的心声即可，以免画蛇添足。

2. 暂且抛开你那或许带着功利性的目的

无论你的情感多么真挚，无论你的表达多么恰当，如果在在沟通中你念念不忘自身想要达到的目的，那么，你便会在不经意间流露出功利性的姿态。那么，对于这种"无事不登三宝殿"的"贵客"，对方也难以相信其情感的真实度。

3. 善始善终，无论最终的结果如何

无论对方是否顺从了你的心意，无论事态的发展是否令你满意，对于这一次沟通，你都要做到善始善终，万不可给人留下"用人朝前，不用人朝后"的印象。否则，无论之前你们之间有多么深厚的情谊，也会自此渐渐由厚转薄。

互惠互利，让他明白是合作不是请求

人际交往中，出于内心对公平原则的追求，人们往往会主动遵守互惠互利的原则。例如，当我们受到别人帮助或是接受了别人赠予的好处时，往往会自觉寻找机会回报对方。那么，女孩是否想过，我们还可以反方向利用互惠原则，来获得他人的助力呢？

春秋时期，晋国公子重耳遭到继母的屡番陷害，为保性命只得出逃。他一路颠沛流离，辗转了许多国家。当他来到楚国请求收留时，楚成王以国君之礼招待了他。

在酒宴上，楚成王有意问道："如果公子能够回到晋国，会以什么来报答寡人呢？"

重耳答曰："男女奴婢、美玉锦帛，您应有尽有；鸟羽、兽毛、象牙、皮革，这些都是贵国的特产。那些流入晋国的珍品，不过是您挑拣剩下的，您根本不在乎。这样的话，我该如何报答您呢？"

楚成王不死心，追问道："即便如此，你也应该对寡人有所报答吧？"

重耳想了想，回答道："如果依靠您的威势，我有幸返回晋国，那么，如果楚晋两国有交兵的那一天，双方的军队在中原相遇，我会命令晋国的军队退避三舍。如果我这样做您还是不满意，我也只有左手拿着马鞭和弓箭，右手挂着弓套和箭袋，来与您周旋了。"

重耳不愧为春秋五霸之一，深谙人心的他明白，对于楚成王这样的一国之君来说，财物宝器根本不值一提，他在意的是国家的政治利益与自己的威名。重耳一席话，戳中了楚成王的心事，让其最终下定决心，驳回了臣下要杀死重耳的建议，还出手相助，将重耳送到了秦国。

在大部分人心中，都存在着"知恩图报"的心理，在这种心理的驱使下，人们会以相同或是相近的方式回报他人的付出，以此获得内心的平衡与自我认知的认同。同时，一旦这种互惠的行为得以延续，双方的关系便会在你来我往中良性发展、日益亲近。女孩在向他人寻求帮助时，不妨直接表明你期待与他通力合作、获得双赢的态度。当对方意识到你将为他带来利益时，本着互惠原则，对于你此次的要求，他就会尽力配合。

良好口才养成攻略

那么，女孩在向人寻求帮助时，该怎样让对方意识到，这是一场合作，而非你单方面的请求呢？

1. 明确地表达你会有所回报的态度

向他人求助时，女孩应尽量找到所求之事中隐藏的双方共同的利益点，使这次单方面的求助变为双方的合作。如果这件事对于对方来说实在没有什么切实的益处，那么，女孩应及时且清晰地表明你一定会回报他。即便当下或是短期内不能回报，女孩也要意志坚定地告诉对方，在将来的某一日，在合适的时机，你必然对他有所回报。

2. 尽量承诺给予对方最渴望的回报

只有内心深处最渴望的事物，才能让一个人心痒难耐、欲罢不能，即便面临风险，即便可能失败，也要倾尽全力地去试一试，也要尽其所能地去争取。因此，有求于人的女孩在承诺回报时，应尽量选择最令对方垂涎欲滴的东西。这样，才更容易让对方答应你的请求，并为之尽心尽力。

3. 不卑不亢地表达互惠意愿

表达互惠意愿时，女孩也须注意自己的态度，要中肯可信，要不卑不亢。不懂得谦和，一脸施舍者的样子去寻求帮助，很容易遭到对方的拒绝；而不晓得自重，卑躬屈膝地向他人发出请求，也很难令他人伸出援手。一个骄傲的合作者是令人厌恶的，而一个卑微的合作者，则是无法令人信任的。

先退后进，巧登门槛助你叩开他人心扉

相信大家都有过这样的经验：向人求助时，如果一开始就提出一个比较高的要求，那么我们多半会被拒绝。但如果开始先提一个很低的要求，等别人答应了这个要求，再一步一步地提高我们的要求，那么在这"得寸进尺"中，我们的要求通常能够实现。造成这种现象的原因，就是心理学中著名的"登门槛效应"。

白姐一直是百货公司服装销售部的销售明星。这天，经理领来了一个叫赵蕾的年轻人，说是第一天入职，要白姐多指导一二。白姐微微一笑，爽快地答应了。

经理走后，白姐亲切地问起了赵蕾的情况。两人正聊着，一位年轻的女顾客慢慢走近。白姐立即停止了交谈，对赵蕾微微一笑:"姑娘,好好学着,姐给你露一手。"

这时,女顾客的目光落到了一件新款的风衣上。只见她眼中一亮,便拿起了风衣的标价签。立刻,她眼中的惊喜被一种落寞取代,转身准备要走。

白姐立即上前,微笑着说,"美女,瞧上这件衣服了?眼光真好,昨天晚上刚到的货,这一季的最新款。"

顾客的眼睛贪婪地盯着风衣,嘴里却不由叹气,"是啊,看价格就知道新得没边儿了!"

白姐听了,也不争辩,只是劝说:"不买也试试么,穿上拍个照。美女身材这么好,就应该多当当衣服架子。"

顾客听了,不由动了心,便试穿了风衣。站到镜前,顾客眼中流露出更多的惊喜,没想到这件风衣与自己如此相配;但眼光落到标价签上时,还是打算放弃了。

白姐绕着顾客打量了一圈,不住点头称赞,说道:"您这么时尚的人,肯定常看杂志,一眼就知道这件衣服是今年最时尚的款式。有些人赶时髦是瞎闹,可美女这身材,这长相,不赶这个时髦简直就是白瞎了爹妈给的好基因。而且这个颜色很衬你白皙的肤色。不瞒你说，在你之前，今早已有三个人试过这件衣服，但没有一个比你穿着更合适的。她们穿哪，我是不忍心多看；你穿哪，我是不忍心看你脱啊！美女就穿着走吧！"

白姐就凭这样一张巧嘴，完成了一次销售。

登门槛效应的实现，在于抓住人性的弱点，利用人类的心理错觉来步步说服。当对方接受了我们的小要求后，为了保持认知的协调，也为了给我们留下前后一致的印象，便会不自觉地接受我们提出的更大的要求。很多时候，求人办事就像是在登高，想要一口吃个胖子、一步登天，绝非易事。但如果女孩能够保持耐心，一点一点地向上攀登，那么总会迎来登顶的时刻。

那么，女孩在与人交流、求人办事时，应该怎样利用登门槛效应帮助自己完成目标呢？

1. 开口小小地

想要登门槛效应助我们一臂之力，首先要迈好第一步，即促使双方之间完成第一次合作。因此，在提第一个小要求时，我们一定不可狮子大开口，不然一句话就会吓跑对方。运用登门槛效应，如同在攀爬对方心中的楼梯。我们首先要找到入口，才能一步一步地向着目标前进。只要第一次的合作给对方留下轻松愉快、举手之劳的印象，那么接下来的进程就会顺利很多。

2. 张口慢慢地

有些人在完成了第一次合作后，很容易忘乎所以，急于求成。登门槛效应又叫作"得寸进尺"效应，但这并不是说我们在得了寸后就直接要尺，而是要求我们一寸一寸地累积为尺。如果前后要求之间的跨度太大，等于我们直接剥夺了对方心理缓冲的余地，会使对方的防备心理陡然增加，极大增加我们被拒的风险。

3. 他能吞下的

在登门槛效应的应用中，随着我们的要求一步步提高，从最初的请求到最终的请求，很有可能已经从量变累积到质变。但女孩需要注意的是，无论你最初的要求多么微不足道，无论你一步步攀登时对方多么迁就配合，最终的要求绝不能超出对方的能力范围和心理承受底线。登门槛效应的原理是降低对方心中的防备和抵触情绪，而不是消除对方心中的底线。

亮出优势，让他看到你对于他的价值

美国社会学家霍曼斯指出，人与人之间的交往，从本质上来说是一种社会交换。这种交换类似于市场中的商品交换，遵循着商品交换原则。在这种交换中，虽然人们都希望自己得到的价值超出付出的价值，但从实际情况来说，只有双方的付出与得到都大致对等，这种交换关系才能得以维持。换言之，在人际交往中，当我们需要利用他人身上的价值时，只有同时向他人展现我们身上可以为他所用的价值，才能形成一种交换，才能使这一关系延续下去。

一次，卡耐基租借了某个酒店的房间，打算举办培训班。然而，当一切事宜准备妥当时，酒店的经理却通知他，要增加300%的租金。对此，卡耐基没有指责对方言而无信，也没有婉言请求对方"高抬贵手"，而是客气地帮着对方算了一笔账。

"接到你的通知，我着实有些震惊。我们不妨先来算算账，看看这次涨价对你来说到底是利大于弊，还是弊大于利。如果你坚持要增加这笔巨额租金，就等于赶走了我，那么，我势必会在别的酒店举办培训班。你可以想象一下，这个培训是由怎样的人员组成的。这些学员都是有着不菲收入和较高地位的企业管理者。对于这家酒店来说，他们的到来不是一次免费且影响巨大的宣传吗？试问，即便你在知名报纸上花费5000元做广告，就能保证将这些人都吸引到这家酒店来参观吗？希望你能考虑清楚。我等待你的答复。"第二

天，卡耐基接到了经理的回复，房租只涨50%，而并非最初的300%。

在有求于人时，如果女孩一味希望对方因同情自己而大发善心，那么，不仅等于拱手交出了交际的主动权，还会使自己的尊严与人格受到损伤。在向人求助时，不妨主动亮出你自身的优势，让对方看到你之于他的利用价值，令其更加主动、更加心甘情愿地为你提供帮助。

那么女孩在与人交际时，该怎样让对方看到你的利用价值呢？

1. 让对方明白你是有实力为他提供价值的

以弱者之姿求人，换来他人的同情，不见得能获得他人竭尽所能的帮助；而以强者之态求助，往往能令他人更加主动，更加尽其所能。如今，越来越多的人已经深谙"冷庙烧香"的道理，愿意尽可能地在那些暂时龙游浅水的强者身上作一些投资。落难英雄让他们更加期待，也更加相信自己的投资回报率；碌碌之辈却只会让他们心生犹疑，即便出于同情施以援手，也只是敷衍了事。因此，在向他人求助时，女孩应展现出自己的实力，让对方自己去权衡利弊，去判断你值得他何种程度的帮助。

2. 让对方相信你是有潜力让他信任的

无论是在职场还是在生活中，初出茅庐的女孩想要获得他人的帮助，都要先将自己的优势发挥出来，让对方看到你充满无限可能的未来。或许你欠缺经验，但是广阔的人脉可以为你提供便利；或许你能力不足，但是你坚忍的毅力足以让你像那些才华卓越的人一样做好每一件事，一点一滴累积起你的成功。当你的潜力足以引起对方的重视、获得对方的肯定与赏识时，你自然会成为对方愿意提供帮助的对象。

3. 让对方清楚你和他有着共同的利益

身处社会中，人与人之间总是存在着千丝万缕的联系。

而个人之间的利益，也会存在着千头万绪的牵连。也许从表面上来看，你需要求助的某个人与你并没有什么共同利益，甚至你的要求将有损他的利益，但是，只要仔细寻找，你们一定在某些方面处于同一战线，一定能求同存异地共同谋求利益。

第07章

口才有魅力：需要你懂这5项秘诀

从容不迫，即兴发言也尽显迷人风采

随着在社会生活中承担的责任越来越多、扮演的角色越来越重要，在很多场合中，即兴发言也成了女性不可避免的环节。即兴发言通常是一些小的演讲，要求演讲者根据现场环境、氛围、听众等临时发挥。这种发言对于演讲者的随机应变能力和口才素养有着极高的要求，只有那些修养风度俱佳且充满自信的人，才能优雅地完成这一"任务"。

有一次，马克·吐温应邀参加一个宴会。宴会上，人们纷纷为战争中的将军们祝酒。这时，有人故意为难马克·吐温，要他以"为婴儿祝酒"为主题，即兴发表一段祝词。马克·吐温欣然领命，在开头这样说道："为婴儿祝酒，这真是妙不可言！在座的各位，并非都有幸做女人，也并非都做过将军、诗人或政治家——但是，说到为婴儿祝酒，大家就有了共鸣——

咱们可都做过婴儿！千百年来，这个地球上的各处在举行宴会时，总是忽视婴儿，仿佛婴儿一点也不重要，这真是太不像样了！先生们，我们不妨好好想想，如果各位能够回到几十年前，回到新婚不久、初为人父的时候，当各位再次凝视你们的第一个孩子时，就会感觉到他在你心中的重要性。并且，对于你来说，他已不仅仅是重要能够形容的。"

这样的开头，引起了全场热烈的掌声和欢快的笑声，人们都被马克·吐温的演讲吸引了。调动起人们的兴趣后，马克·吐温又用了一系列的修辞手法，顺势将婴儿与军人乃至国家的未来结合起来，整个演讲获得了极大的成功。

紧张、惧怕的情绪，是即兴发言的死敌。克服这些不良情绪，是女孩作好即兴演讲的首要之务。平时的积累与练习，是即兴发言的基石，只有打好基础，才能在面对考验时心中坦然、从容不迫。充分运用好自己的口才技巧，结合时境与听众等具体情况，组织起合适的语言，才能在一次次发言中，尽显女孩的迷人风采。

良好口才养成攻略

那么，想要做好即兴演讲，女孩应该注意哪些方面呢？

1. 到什么山唱什么歌

即兴讲话，最需要注意的便是符合语言环境。当人们邀请一位他们认同的人做演讲时，往往是希望演讲者能够或画龙点睛，或力挽狂澜，最不济，也应该能够锦上添花。如此，便需要女孩能够认清当前的语境，明白自己这次发言的任务，做到因时而言，因事而言。

2. 开头很重要

即兴发言通常都较短，因此，如何用最少的语言、最少的时间将听众的注意力集中、兴趣激发，关键就在于演讲者如何开头。在这种较为简短的演讲中，选择一个开宗明义、紧密联系主题思想的开头，是大多数演讲高手的选择。若仅是为了吸引关注、调节气氛而采用大量赘言、说东道西，反而会事与愿违。

3. 把握好自己的主题思想

任何一次演讲，至少应有一个明确的主题。发言时，女孩应紧贴自己的主题思想，中心明确、言之有物，切忌天马行空、东拉西扯。一个没有侧重点的演讲，一段杂乱无章的发言，只会让听众不知所云，难以理解演讲者的意思。

4. 平时的积累是大前提

一到该发言时就张口结舌的人，有的人是因为羞于表达或不善于表达，茶壶里有饺子倒不出；有的人却是因为腹中本就空空，"巧妇难为无米之炊"。优质的口才需要扎实的基础来支撑，若平时不注意积累，不经常学习，即便天赋异禀，初时尚能巧言善辩，令人信服，但长此以往，才华总会有枯竭的一天。

夯实基础，谈资充足才能舌灿莲花

现代社会中，口才在社交中发挥的作用可谓不言而喻。如今，越来越多的人已经注意到口才的重要性，有意锻炼、培养自己，以使自己拥有优质的口才。俗话说，万丈高楼平地起，我们不管做什么事，都要从基础抓起。只有打牢基础，才能获得货真价实的成就。而口才的培养，并非多么高深的学问，多么艰难的任务，它就成长于我们一点一滴的积累当中。

从美发学院毕业后，刚子在这个城市最繁华的美容街上开了一家自己的美发店。尽管他是初生牛犊，手艺尚不如其他店里那些老手熟练，但自从他开业起，生意就一直不错。不到两年，他就已经成为一个手下拥有十来位理发师的老板。

这天，一个外地的老同学来到刚子的家乡看望他。看到刚子店里红火的生意，不禁感叹道："在学校时你的手艺就最好，毕业了也是你最出息。你看，我们一届的学生，除了给人打工，有的自己开了店，最后还是黄了。就说我吧，赔进了我自己的积蓄不说，连父母给我准备的房子首付也搭进去了。现在只能在别人手底下混口饭吃。"

刚子微微一笑，拍了拍老同学的肩："你别谦虚了，说到手艺，以前我在班里连前三都排不进去。其实啊，开店就是做生意，做生意就有做生意的法则，不是单纯靠手艺说话的。再说，当初我刚毕业，手艺能比这条街上的老师傅们强吗？我就是把握住了一点：只要顾客爱聊，就多跟他说话，多说他乐意听的话。理发的时候是很枯燥的，尤其是那些需要烫染头发的顾客，耗费的时间更长。这段时间里，你跟他聊聊天，让他觉得在这里理发不像在别处那样乏味，他自然愿意继续光临。抓住了回头客，我的手艺自然也就越来越好。这是一个良性循环，何乐而不为呢？"

"可是，每天那么多顾客，哪有那么多话题？再说了，就算不同的人用同一个话题，那些回头客，也会听厌啊！"

"所以我们要自己多准备一些话题!现在我的理发师,每天除了工作,我还要求他们抽出一小时读书看报,这是硬性规定。肚子里的货多了,无论跟别人谈什么都有话说。不信你去问问,就算你想和他们谈《红楼梦》,我保证他们也能粗粗说上几句。"

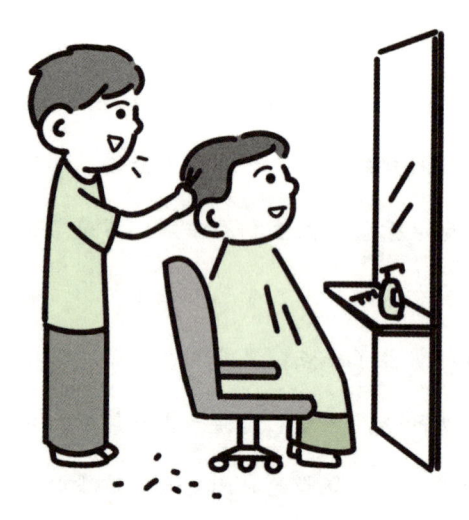

古语云:"工欲善其事,必先利其器。"女孩想要拥有优秀的口才,在与人交往中妙语连珠、舌灿莲花,就要从头做起,一点一点夯实自己的口才基础,做到心中有数、肚里有货,如此,才能在社交中谈吐不凡,才能从人群中脱颖而出。

良好口才养成攻略

那么，女孩可以通过哪些方式打牢自己的口才基础呢？

1. 扩大自己的知识面

无论对方是谁，都能够与对方交谈十分钟左右的时间且令对方保持兴趣，这不是一件容易的事情。这要求女孩有随机应变的智慧作帮手，更要求女孩有广博的知识面作底蕴。语言贫乏往往是因为知识匮乏。在过去，人们常说大部分理科生不如文科生健谈，从某个角度来说，也是因为理科生涉猎的知识较为专而深，而文科生较为杂而广。

2. 在身边寻找素材

俗话说，生活是最好的老师。生活中，处处都有值得我们学习、借鉴的榜样。我们可以从新闻中获得讯息，可以从他人的连珠妙语中得到启示。仔细留心身边的人与事，你会发觉，积累谈资、学会说话，并不是一件十分困难的事。

3. 阅读名著

名著中，往往蕴含着伟大的智慧与人生的哲理，能够启迪我们的心智，丰富我们的知识。也许有人觉得，读过的书总会忘掉，读书不过是为了消磨时间。然而，只要我们用心去读，书中的养分，就会化为我们生命的一部分，滋养我们的灵魂。当我们的有效阅读量达到一定的程度时，出口成章也不是难事。

4. 锻炼思维

在积累谈资、打造基础时，我们不能只是一味地搜集、接纳，还要多多开动脑筋，从这些内容中挖掘出更多的财富。生搬硬套不是长久之计，拾人牙慧也难免令人觉得索然无味，只有将适合自己的营养充分吸收、利用，才能锻造出更受欢迎的自己。

牢记目标，有的放矢进行沟通

人们常说"言多必失"，其实很多时候，失言往往不是因为言多，而是因为说话者心中没有一个明确的目标，没有明确此次沟通的目的，或是虽然明确了目标，却没有时时铭记于心，以至于"把不住嘴"。

无意中，小蒋听到同事们背后戏称她为"废话筒子"，她很是郁闷，找来闺蜜开解自己。

闺蜜听了小蒋的牢骚，不动声色地说："这样吧，我们先随便聊聊天，纾解一下你的心情。对了，你孩子报的那个小提琴班怎么样？老师的水平高吗？我也想让孩子学一门乐器，正想问问你的意见呢！"

"那个班啊，还行吧，老师还算负责。他当然得负责了，一堂课多贵啊！那么多钱总不能让他白赚去。现在挣钱这么不容易，我累死累活上一天班才挣孩子半堂课的钱，我老公上一天班才够买孩子两本教材。对了，我老公最近脾气可大了，也不知道遇上什么烦心事儿了，让他跟我说说，他还懒得理我。哼，他不理我，我还不想理他呢！当初要不是看上他人老实，我怎么会跟他呢！追我的人多了去了。那个小薛，人家现在都是大企业的总经理了，还对我念念不忘。你别误会，我可没存那个心思，就是想着多个朋友也多条路不是！他们公司是做外贸的，指不定以后就需要他的帮忙呢？哎，对了，你老公的公司不也是做外贸的吗？最近他们的生意怎么样？我跟你说啊，男人一发达了就忘本，你可千万看住了他。我知道有家理发店的手艺很好，你没事也要收拾收拾自己，才能拴住老公的心……"

不知不觉，半小时过去了，闺蜜一直沉默不语。直到小蒋口干舌燥，停下喝水，闺蜜才说："你还记得咱们是为了什么聊天的吗？"

"为了什么？啊，小提琴

班啊！你给孩子报上也行，反正你家又不缺那个钱。现在升学考试压力多大啊，孩子以后走艺术生这条路也不错。邓大姐家那孩子就是艺术特长生，人家考上了人民大学呢！听那孩子说啊，现在学习可紧张了……"

又过了半小时，闺蜜看着大口灌水的小蒋，说道："咱们来好好聊聊你这说话方式吧……"

沟通之前，我们应首先明确此次交流的主要目标，并事先设想、组织好自己的语言；沟通进行之中，我们要牢记目标，主体言辞、整体态度、各种表达技巧应紧紧围绕这个目标而定。与人沟通中，女孩只有做到有的放矢，围绕中心思想展开自己的言论，才能完成沟通目标，达到理想的沟通效果。

良好口才养成攻略

那么，我们日常与人交流时，大多是为了达到哪些沟通目的呢？

1. 说服、劝解

生活中常见的辩论、谈判、批评、建议等，都属于说服、劝解的范畴。我们发表此类言论，通常是为了改变对方的某种观念，劝阻对方的某种行为。

2. 传递信息

报告、报道、教学、介绍、解说等，都是为了向他人传递某种信息。当我们为了传递信息而发言时，或简洁或详尽，或渲染或白描，或大方或隐晦，具体的语言选择，应因人因事因时而定。

3. 引起他人的关注

寒暄、拜访、提问、导游、主持等，这些为了引起他人的兴趣和关注的发言，通常是出于社交需要。当我们作此类发言时，应迎合大部分人的心理需求与感受，选择一些大众接受度高的表达方式。

4. 激励、鼓动

赞美、宣传、演讲、洽谈、请求等，都属于激励、鼓动他人的范畴。当我们发表此类言论时，应以能够坚定人们信念、振奋人们精神的表达方式来沟通。

5. 增进关系

增进了解、建立亲密关系，是最平常，也是最普遍的沟通目的。生活中，朋友之间的闲时小聚、亲友之间的闲话家常、同事之间的侃侃而谈、恋人之间的呢喃细语，很多时候，我们并没有什么刻意的目的，并没有什么必须完成的目标，只是为了在平淡的交流中更加了解、熟识彼此，让彼此更加亲近、更加信任。进行这种沟通时，只要本着彼此尊重、互相理解的原则，我们就会坦率一些、真诚一些。

分析自己，客观看清自己的表达能力

我们常说，现代社会，女孩要敢于表达自己，善于表达自己，这样才能让人们通过最便捷、最适宜的方式了解自己、接受自己，才能让彼此间的沟通效益得以最大化。这就要求女孩不仅要敢说，还要会说。而要做到"会说"，毫无疑问，首先需要女孩能够看清自己的表达能力，正确认识到自己的优势与短处。

短短半年间，赵海就从一个不善言辞的木讷小伙子，摇身一变成为单位里数一数二的好口才，无论什么话题，他都能聊上两句，而且说出的话总是令人听着舒服，也愿意信服。对此，当初与他一起被戏称为"闷葫芦七兄弟"的几个同事，纷纷向他讨教经验。

"说起来也没什么难的。"赵海深知腹中有话道不出的苦恼，因此说起自己的成功经验来毫不吝啬："不会说话分很多方面，想要改善这种情况，要先找准自己的问题所在，才能对症下药。比如说我，我知道，以前不爱说话，是因为自己说话总是惹人厌烦，所以干脆闭紧嘴巴。后来我仔细分析，发现我惹人烦的主要原因是咱们单位中年人比较多，他们不怎么接触网络，因此对于一些流行的话题和网络词汇不感冒。当你说的话别人听不懂或是不感兴趣时，自然不愿意再听下去。因此，我慢慢改变了自己的说话习惯，不再张口闭口就流行词，跟什么人聊天都尽量挑选适合对方的话题。当然，想要话题多一点，还要在平时多积累。我再举个例子，比如说小顾，其实你肚子里的货很多，是我们单位的一大才子。不知道怎么跟人聊天，就是因为你不会打招呼，不

会跟人寒暄两句，把气氛热起来。所以你可以先从这方面改进，包管你能看到立竿见影的效果。"

孙中山先生曾说："知难行易。"当我们对于自己的表达能力真正有了正确的认识后，便能对症下药、取长补短，改善表达、增进口才便不再是难事。没有人生来就带着一张巧嘴，即便是那些举世闻名的演说家，他们的口才也是在日积月累中以辛勤的汗水换来的。所以，女孩要客观看待自己的表达能力，主动发挥自身的优势，改进尚存的不足，久而久之，就能达到字字珠玑、舌灿莲花的效果。

那么，女孩可以从哪些方面分析，看清自己表达能力的基本概况呢？

1. 寒暄、礼貌用语是否使用得当

寒暄、礼貌用语等，是我们与他人沟通时的基本用语，是否掌握寒暄、礼貌用语的正确用法,是体现一个人口才修养的基础。很多时候,一句简单的"你好""最近天气不错",其使用场合与方式的不同,都会给对方带来完全不同的感受。学会寒暄,懂得礼貌用语的正确使用方法,是女孩在锻炼自己的口才时首要掌握的技巧。

2. 口头禅、习惯用语是否令人满意

前文我们已经介绍过,一个人的口头禅中蕴含着颇深的玄机,能够让他人从中探知他的心理、性格等。近年来,随着互联网的发达,许多年轻人习惯将一些流行用语、网络词汇挂在嘴边。这些字句固然能体现年轻人紧追潮流、活泼开朗的一面,但女孩也要时常自省:在使用时,自己是否顾及了场合与对象?对方听到这些词汇,是否与我们感同身受?这些词汇的含义,是否能够正确表达我们心中的想法?

3. 话题是否令大部分人感兴趣

虽说我们不必太过计较他人的眼光,做好自己即可,但我们身处社会,作为一个社会人,理应争取社会中或是一个

群体中大部分人的认可与赞同，否则，我们将举步维艰。因此，在人际交往中，对于话题的选择，也考验着女孩的口才。你的话题不必刻意迎合那些行业的专家、社会的精英，你说出口的话，能够符合群体的规则，让大部分人感兴趣、有共鸣即可。

4. 用语是否能让对方明白

表达能力，在很大程度上指的是自己的话语能够以最短的时间、最便捷的方式让对方清晰、明了的能力。一个满口专业术语的业界翘楚，对于一个目不识丁的农民来说，他的表达能力就是不合格的。一个满口白话的人，与学术泰斗探讨学问时，他的话也是很难让对方满意的。沟通追求的是"通"，不是自我表现，更不是自我揭短。

第08章

说拒绝的话：掌握几个绝妙的方法

委婉一点，拒绝留一线日后好相见

很多时候，我们无法轻易拒绝他人，往往是因为不忍心拒绝、不善于拒绝。我们不愿看到满怀着希望向我们提出请求的人失望而去，我们不知道怎样表达出自己的意愿才能让对方真切地体会到我们的难处，才能让双方不至于因为这次拒绝而不欢而散。其实，拒绝他人可以有很多种方式为对方留住体面，为自己留下余地。

这天，大雷主动邀亮子下班后去小酌两杯。

酒桌上，两人碰了四五次杯后，亮子才从大雷吞吞吐吐的话中听出他的意思：借钱。原来，大雷背着老婆，用准备买房子的钱炒股，结果赔得一塌糊涂。眼见着下周末就要去交首付了，大雷怕老婆发现钱少了跟他闹，所以想找亮子借

第 08 章
说拒绝的话：掌握几个绝妙的方法

些钱应急。

虽说两人平日里交情并不深厚，但亮子是个热心肠的人，身边的朋友同事有需要他帮忙的地方，他只要帮得上，就不会袖手旁观。可今天的亮子虽然有心帮大雷一把，却有口难言：原来，他今天早上才知道，老婆没和他商量，就把家里所有的存款提了出来，让小舅子拿去换新车。他有心把实情告诉大雷，却又怕大雷不相信有这么巧的事，反倒认为他故意找借口搪塞。况且，他的小舅子经常开着之前那辆高级跑车来他们单位门口招摇，谁都很难相信他又要换车了。于是，亮子只能打着哈哈，又跟大雷喝了几杯酒。

直到一瓶酒见底，亮子也没有接过大雷的话茬，只是偶尔点评两句酒菜。大雷见亮子没有表示，只是不时抬起手腕看看手表，也明白了亮子的意思，便说："我也是心里不痛快，才找你喝点儿酒，聊会儿天。现在也不早了，咱们回吧。"

避开对方殷切的目光，拒绝对方为难的请求，对于内心柔软、热情善良的女孩来说，从来不是一件容易的事。然而，只要女孩方式得当、态度得体，拒绝他人也不是一件难事。面对自己无法应承的要求，女孩无须直截了当地回答"不"，大可以运用各种委婉的暗示，让对方明白你的意思，主动放弃。

良好口才养成攻略

那么，女孩在拒绝他人时，可以采用哪些委婉的方式来暗示对方呢？下面简单介绍三种。

1. 沉默是金

面对他人的请求，女孩无法答应又不愿直接拒绝时，先不要急着开口说话，不妨以沉默来表明自己爱莫能助、无力应承。当女孩默不作声的状态维持一段时间后，对方大多数情况下都能明白女孩的态度。而沉默的应答，也给双方都留下了退路，让求助者不至于直面被拒绝的尴尬，也让女孩无须为难地开口。如今，很多用人单位在招聘时，也会采取这样的方式来婉拒没有达标的应聘者。应聘者在一段时间内没有收到答复，便心领神会。这样的方式，也免去了双方再次面对面讨论这并不愉快的话题的必要。

2. 含糊其词

用含糊的言辞表明自己的态度，这也是委婉拒绝他人时常用的方式。从你口中说出的话模模糊糊，让对方听出的意思清清楚楚，是这种方式的关键所在。例如，某位编辑在退还某作者的稿子时表示："这种风格并不是很适合当今的市场，要不您再琢磨琢磨。""风格"是一个很难量化的标准，而作者该怎么"琢磨"，这是无法具体言明的。编辑并没有直言作品不行或是不好，而是以一个模糊的，甚至有些"主观"的概念，向作者表达了拒绝的意思。

3. 运用肢体语言

我们在表达自己的意图时，多会采用有声语言，直接、明了地传情达意。而有些时候，无声语言更能帮助我们倾诉心声、化解难题。尤其在无法直接开口拒绝他人时，许多肢体语言，更是我们不可或缺的"法宝"。例如，不想再与某人继续交流时，我们常常会不停地看表，以示自己时间紧促，还有别的工作；想表现出自己疲惫的状态，我们可以揉眼睛、转动脖子、揉太阳穴等。肢体语言配合沉默的状态或模糊的言辞，都能让女孩的拒绝更加委婉，也更加容易实现。

幽默一点，相视一笑时已巧妙拒绝

无论面对亲人、朋友，还是同事、浅交之人，无论是有心无力还是不愿插手，拒绝的话总是很难脱口而出。尤其对于面薄心软的女孩来说，艰难地拒绝他人后，却弄得自己比被拒者还要难过。想要避免这样尴尬、不快的局面，女孩在拒绝他人时，不妨尝试以一种幽默的方式道出自己的拒绝之语。

小林是个活泼好动的小伙子，平时就爱和三五好友出去游玩。钓鱼、爬山、骑行、棋牌，只要跟"玩"沾边，就没有他不感兴趣的。

结婚后，小林依然故我，每逢周末就和几个同事一起出去放松玩乐。而妻子小琴偏偏是个好静不好动的人，每次小林要她一起出门,她都推三阻四,不肯同行。况且,家里只有夫妻两人,平时工作又忙,只有周末有空做家务,小林周末总是不在家,家务只能小琴承包。

这天,周五下班时,同事又邀请小林周末一起去玩:"我看天气预报了,明天可是个钓鱼的好天气。怎么着,一起去吧?"

小林却没有往日的兴奋,只是叹了一口气,见同事们都面面相觑,只好苦笑着说:"我这人哪,从小爱玩,到大了还是这个脾气。可是啊,就是因为结婚半年了还周周出来玩,所以这周必须回去把家里的葡萄架子修好啊!"原来,就在前两日,小林夫妻刚因为周末做家务的事吵了一架。

大家先是一愣,继而纷纷笑起来。老王更是忍俊不禁,勾过小林的肩膀说:"修葡萄架,我有经验,要不要教你几招?"

幽默是人际关系的润滑剂,是交流气氛的调味品。很多自己难以开口、对方难以入耳的话,在幽默的调剂下,会变得顺口、顺耳得多。女孩真诚的态度与幽默的语言，能让双方从拒绝与被拒绝的尴尬气氛中解脱出来，在轻松活泼的氛围中相视一笑，在心照不宣中温和而又默契地翻过这一页。

那么，女孩想要以幽默的方式拒绝他人，可以采用哪些方法呢？

1. 假设

假设式幽默拒绝的使用方法大致为：先顺着对方的思路、观点推论下去，假设事物真的按照对方设想的那样去发展，或是完全反其道而行之，然后推理出一个荒诞、离奇的结局，从而产生幽默的效果。例如，著名剧作家萧伯纳曾经收到一封来自舞蹈家邓肯的信，信中，邓肯向萧伯纳表达了自己的爱慕之意，并写道："如果我们两个能够结合，我们的孩子将会拥有你的智慧和我的身姿，那是一件多么美妙的事啊！"萧伯纳没有直接回绝邓肯的求爱，而是在回信中幽默地说:"那倒未必。如果这个孩子继承了我的身材和你的头脑,那该是多么不幸的事啊!"这封幽默感十足的拒绝信,并没有让邓肯心中怨怼,反而令她更加欣赏萧伯纳的才华,成为他最忠实的朋友和读者。

2. 比喻

通过打比方的方式来拒绝他人,一来使双方不必直接成为拒绝方与被拒方,避免了拒绝有可能带来的尴尬与冲突,维护了被拒者的面子;二来也可以令对方体会你的心意,在哈哈一笑中轻松领悟并接受这次拒绝。例如,有一位外国女性读者读过《围城》后,被钱钟书的才华深深撼动。她通过各种方式,终于联系到了钱钟书,向他表达了崇敬之心,并表示想拜访钱先生。钱钟书一生不好虚荣,对于这次求见,他也婉拒了:"如果您吃了一个鸡蛋觉得还不错,那又何必

非要见见那只下蛋的母鸡呢？"钱先生的比喻妙趣横生，既婉转地拒绝了女读者，又令女读者在莞尔之余不至于太失落。

3. 转折

在运用转折式幽默拒绝时，女孩可以先故作深沉、神秘，在对方急于知道答案或是感到莫名其妙时，出其不意地突然转折，使其在措手不及中开怀大笑。事例中的小林，就是采用了转折法。他先强调自己是个爱玩的人，令同事们都纳闷：既是这样，怎么我们约你去钓鱼你还一脸惆怅？然后，他突然口风一转，用幽默的语言表达了自己的难处，令同事们恍然大悟，一笑置之，表示理解。

拉人挡箭，学会用第三方拒绝对方

当女孩无法直接开口拒绝别人，却又不知该如何婉转相拒时，不妨试着找出一块"挡箭牌"，借第三方的口，死求助者的心。由于第三方介入，因此从形式上来看，女孩的拒绝并非出自本意，而是"不得已而为之"。而借助第三方拒绝他人时，第三方往往不在现场，因此也会令求助者自觉无损颜面，不至于太过尴尬。

在《红楼梦》第三回中，林黛玉抛父进京都，来到了贾府。在荣国府中，见过贾母等人后，便前去拜见两个舅舅。在大舅舅贾赦处，舅母邢夫人说道："苦留吃过晚饭去"，黛玉笑着答道："舅母爱惜赐饭，原不应辞，只是还要过去拜见二舅舅，恐领了赐去不恭，异日再领，未为不可。望舅母容谅。"邢夫人听说，笑道："这倒是了。"遂令两三个嬷嬷用方才的车好生送了姑娘过去,于是黛玉告辞。

黛玉这一番拒绝十分得体,她没有直接回绝邢夫人的邀请,而是以要见二舅舅为名,谢绝了舅母的赐饭,既表现出对邢夫人的感激和尊敬,又体现了自己懂礼知节的风范。邢夫人非但不恼,反而更加欣赏这个外甥女。黛玉一进贾府便"步步留心,时时在意",唯恐做了什么错事遭人耻笑。从这一处小细节上,我们便看出了黛玉处处留心、小心翼翼的状态。

拉人挡箭,是一种十分机智的拒绝方式。第三方的观点、第三方的"证词"、第三方的规定、第三方的身份……都可以成为女孩拒绝他人的理由。被抬出的第三方,往往是求助者应当尊重、需要顾及的。因此，一旦女孩请出挡箭牌，求助者通常便不再勉强。如此一来，女孩借助他人的口，不仅推卸了自己的责任，也在对方无法反驳的同时，成功让自己金蝉脱壳。

良好口才养成攻略

那么，哪些人适合成为女孩的"挡箭牌"，做女孩拒绝他人的理由呢？

1. 公司、单位

公司的规则、单位的章程，往往可以成为女孩拒绝他人的绝佳"武器"。公司（或单位）代表的是一个集体，公司的规则代表了集体的利益和规范，在某个范围内具有一种公共的约束力。当以公司的名义拒绝他人时，女孩代表的不是个人，而是集体；表达的也不是个人态度，而是一种集体的意愿。例如："对不起，不是我不愿给你报销，而是销售科这个月的应酬费用已经超出了公司的新规定。"或是："亲爱的，你的工作问题我也在想办法帮你解决，可是如果你想进我们公司的话，公司规定同事之间不许谈恋爱，你能接受吗？"这样一来，女孩既表达了拒绝对方并非自己所愿的态度，也让对方无法再纠缠下去。

2. 长辈、领导

借助长辈或领导的名义拒绝他人，不仅体现了女孩尊老敬上，也能让女孩在拒绝同辈或同级时一招制胜，免去许多不必要的麻烦和尴尬。例如："陈总特意在公司会议上嘱咐你写这篇稿子，你非要我帮你写。我的文笔风格陈总再熟悉不过了，被他发现了，我们都跑不掉啊！"或者："亲爱的，我也想多陪你一会儿。可是已经很晚了，爸爸最讨厌我晚归了。你一定不忍心让我被他骂吧！"对于每一个人来说，长辈、领导都象征着权力、威严，他们高高在上，令人不敢忤逆。女孩只要搬出他们做挡箭牌，相信被拒者也能体谅你的苦衷。

3. 爱人

当自己的爱人与自己不处于相同的社交圈时，女孩在拒绝他人的请求时，完全可以将爱人拖来为自己挡箭。例如："真不好意思，家里的车钥匙不归我管。我老公那人，爱车如命，比在乎我还在乎车，为了这个我们没少吵架。恐怕我没法答应借你车了。"或者："借钱这事，我真得和男朋友商量下。我这人花钱没数，没什么积蓄，存折上的钱基本上都是他赚的。"俗话说："疏不间亲。"在人们心中，每个人最亲密、最贴心的人就是伴侣，谁也不愿自己的请求破坏某对伴侣之间的感情。因此，当女孩以爱人为借口拒绝他人时，对方往往会默然接受这样的结果。此外，因为爱人与对方并不处于一个社交圈，所以这样的拒绝也不会招致对方太多的抱怨。

4．朋友、同事

从亲密度、权威度来说，朋友或同事并不适合直接成为女孩拒绝他人的借口，但是女孩可以用朋友或同事来"作证"，证明自己所言非虚，拒绝并非有意。例如："今晚不行，小倩早就和我约好要去逛商场。"或者："你问丽丽，从小我数学就没及格过，帮你做账本这事我真没办法答应。"这样，借助朋友或同事的口来坐实你的那些理由，言之凿凿之余让对方无法再纠缠下去，也难以埋怨你。

面对异性，女孩说"不"要把握分寸

热情洋溢的青春岁月，每个女孩心中都藏着一份对于爱情的向往。花前月下、你侬我侬，是爱情美好的模样，更是女孩们浪漫的梦。然而，并不是每一种爱情都能令人感到幸福，并不是每一种追求都能让人欣然受之。面对那些无法接受的异性，女孩又该怎样拒绝呢？

大四下学期，大家都为了实习四处奔走。曼书的寝室已经三个月没有住满过。这天，大家回校领取一些证件，难得聚在了一起。四个小姐妹秉灯夜谈，其他三人都兴奋不已，倾诉离别思情，唯有曼书闷闷不乐。

任雪发现了曼书的异样，便终止了大家的话题，对着曼书打趣道："怎么了，向来不知人间愁苦的曼书竟皱起了眉头。难道是被哪个臭小子弄得魂不守舍了？"

曼书闻言，突然眼前一亮，说道："对了，任雪，你能帮我。是这样，我实习的单位里有个小伙子，从我进了单位就开始追我，可是我对他没什么感觉，而且我现在也没有心思谈恋爱。想拒绝他，又怕搞砸了同事之间的关系。你能教我吗？你是我们系的系花，那么多追求者被你拒绝了也从不说你一句不好。"

"这有什么难！他约你的时候，你不要答应，也不要直接拒绝，就说要回去加班。他向你献殷勤的时候，他想帮你干什么，你就都自己干，什么事也别求到他。他要说把你当妹妹一样疼爱什么的，赶紧打住！没有血缘关系做什么兄妹！最简单的方法，就是说你有男朋友了，让他直接死心。只要你别把话说得太绝，一般男人是不至于记恨你的。"

曼书点了点头，记下了这些。到了毕业时，她终于能和姐妹们一起开怀地笑着拍毕业照了。

爱情，是人类永恒的主题，是人们咏不尽的诗歌。美好的爱情令人心驰神往，但有些恼人的追逐，则令女孩倍感头痛。拒绝异性，需要女孩鼓足勇气、下定决心，也需要女孩方式得体、分寸适宜。否则，由爱生恨的情绪，很可能会化为一把烈火，毁灭追求者的理智，更灼伤女孩的身心。

良好口才养成攻略

那么，在拒绝异性的追求时，女孩需要注意哪些方面呢？

1. 千万不可当众拒绝

面对异性的追求，女孩即便无心接受，也不能当众拒绝。有些时候，一些胆怯或抱有炫耀心理的男性，喜欢呼朋唤友或是引来观众，在众人的注目下向女孩表白。在这种时候，女孩最好当时默许或将对方带到无人之处，事后说明情由。如此，即便最终拒绝了对方，对方也会感激你在大庭广众之下维护了他的自尊，从而不至怨恨。

2. 不要忘记说"谢谢"

当异性向女孩直接或间接地表达爱意，如直接告白或邀请女孩约会时，女孩无论是想直接拒绝，还是希望有所考虑或确定接受，都不要忘记表达你的谢意。尤其是在拒绝对方时，一声真挚的谢谢，可以为对方保留颜面，令他不至于受到重挫。如此，能够很大程度上降低对方心中的失落与不悦。

3. 找到适当的托词

若对方尚未表白，一直用委婉的方式表达爱意，如邀请女孩去电影院、咖啡馆、海洋馆等具有浓厚的情侣约会氛围的地点，对于此类的邀请，女孩若答应，无异于向对方释放了一个信号：我愿意与你有进一步的发展。因此，如果女孩打定主意拒绝对方的追求，那么在对方发出此类的邀请时，应找出一个合适的借口来推辞，如"最近工作忙""这部电影我早就跟闺蜜约好了一起看首映"等。适当的借口，为双方都留下了余地，女孩不必直言拒绝对方的追求，对方也不必承受因为一次试探就被拆穿、被羞辱的风险。

4. 划清界限

不可否认，我们身边有些女孩，因为不忍心看到对方被拒后受伤的模样，所以用"蓝颜知己""弟弟""哥哥"这样的身份来安慰对方。殊不知，这是一种极其危险的尝试，这样的决定只会让对方心存侥幸，只会给对方继续纠缠的机会。他会一边打着朋友、哥哥的旗号关心你、陪伴你，一边在心中不断滋生着别样的念头。如此当断不断，只恐日后会带来更多的麻烦。

5. 因人而异

拒绝异性时，面对不同的人，女孩也要学会采取不同的方式。例如，如果对方是纠缠不放、自以为是的人，那么女孩要尽量与他保持距离，哪怕是偶尔请他帮忙也要避免。如果对方是隐忍多情、默默付出的人，那么女孩要及时让他明白自己的心意，并多向他强调自己的情感状况，如"你觉得我的男朋友怎么样"。

6. 咬紧牙关

在拒绝了某人的追求后，女孩一定要懂得保持静默，千万不能到处"炫耀"自己的魅力。世上没有不透风的墙，你和任何一个陌生人之间所间隔的人不会超过六个，那些炫耀、自夸，甚至带有蔑视对方意味的语言，总有一天会传入对方的耳朵，这会让你原本为他保全颜面的私下拒绝变得与当众拒绝没什么两样。如果双方存在共同的社交圈，那么这些话语的杀伤力将更加可怕。它将撕毁男性最看重的尊严，也将销蚀你在其他异性心中的好感。

第09章

批评的智慧：逆耳的忠言也不伤人

他人犯错，女孩万不可"横眉立目"

对于有些人来说，犯错是"家常便饭"，认错却是"蜀道之难"，若再被人当面指责，那更是"奇耻大辱"。对于每一个人来说，尊严是与生俱来的心理需求；对于很多人来说，虚荣时常作祟。因此，面对他人的批评或指责，人们往往会生出抵触情绪。然而，长于社交、善用口才的女孩，她们并不会因为顾及自己的人脉或形象而对他人的错误三缄其口，而是会用一种巧妙的方式，委婉地为对方敲醒警钟。

白手起家的赤木经过几十年的打拼，终于有了自己的工厂。因为出身底层，所以他特别体谅工人。工作中发现了工人的错误，他从不会疾言厉色地批评，而是以自己特有的方式来教化工人。

第 09 章
批评的智慧：逆耳的忠言也不伤人

这天中午，赤木来到车间，发现几个工人正围在"禁止吸烟"的标志下边吞云吐雾边打扑克。他没有动怒，只是慢慢地走过去，对因为他的出现而手足无措的违纪"烟枪"们说："嘿，小伙子们，看到你们在大中午精神还这么好，我真高兴。我这里有一盒高级雪茄，是别人送的，我还没舍得开封呢！你们愿意赏脸陪我出去品尝一根吗？"正在努力隐藏烟头的工人们听到这话，赶紧簇拥着赤木走出车间。

从这以后，再也没人在车间里吸烟。工人们养成了自觉午休的习惯，中午的小憩，让他们在下午干活时精神更加饱满，注意力也更加集中。工厂的效益，也就不言而喻了。

几乎每个人对于自身的评价都是高于实际的，都是高人一等的。因此，当人们犯了错误或是显露出缺点时，往往很难接受他人的指责和批评。很多时候，婉转建议所收到的效果，远远超过直接批评。因此，女孩在社会交际中，如果想要帮助犯错之人改正错误，不妨委婉一点，巧妙一点。

良好口才养成攻略

女孩在指出他人错误时，有哪些方法可以让自己的话更加婉转呢？

1. 态度温和

温和的态度，让女孩更平易近人，也让沟通更加轻松。无论女孩与他人交流的内容是什么，平和而温柔的语气、神态，是让对方保持沟通兴趣的前提。尤其是当女孩提出与对方相悖的意见乃至批评对方时，这样的态度能够减轻对方的对抗情绪，让沟通更有效。

2. 言语风趣

幽默是人际关系最好的润滑剂。幽默的女孩，让人不自觉地想要靠近。风趣的语言，能让原本尴尬或紧张的气氛变得愉悦、惬意，也能让对方在哈哈一笑时，舒缓情绪，降低防备心理，更容易接受女孩的意见。

3. 间接提示

直截了当的批评，是大多数人都难以真心接受、难以在短时间内消化的。因此，婉转、间接的暗示，就成了女孩提出批评意见时必备的技巧。女孩可以通过自我检讨或批评旁人的方式，委婉地提醒对方他所犯的错误；也可以通过正话反说的方式，让对方自己意识到不足，有时还能起到激励的效果，可谓一举两得。

换位思考，每个犯错的人都有尊严

英国作家约翰·高尔斯华绥曾经说过："人受到震动有种种不同，有的是在脊椎骨上；有的是在神经上；有的是在道德感受上；而最强烈、最持久的则是在个人尊严上。"自尊，是人类共同的、最基本的心理需求，每个人的尊严都不容小觑。即便是犯了错误的人，也有权利维护自己的尊严不受侵犯。女孩在批评他人时，首先要做到的，是不伤害对方的人格尊严，不触及对方的底线。

美国历史上最伟大的总统之一林肯，在其青年时期，曾因为年轻气盛，毫无顾忌地胡乱批评别人，而受到深刻的教训。

青年林肯是个有名的"刺儿头"，整天不是对着别人评头论足，就是写点文章挖苦别人。

这天，他在当地的《春田日报》上匿名发表了一封讽刺信，在信中狠狠地批评并嘲笑了当地一位名叫詹姆斯·席尔斯的政客，使这位自负而好斗的政客成为全镇的"焦点"。恼羞成怒的席尔斯通过各种手段，最终查出了这封匿名信的作者。怒火难消的他立即向林肯发出战书。林肯并不想决斗，可是为了"面子"，又无法拒绝。万般无奈之下，他根据自己双臂修长的特点，选择了骑兵的佩剑作为决斗武器。为此，他还专门向一位西点军校的毕业生请教剑术。

到了约定的这一天，林肯如期来到决斗场所，与席尔斯

在密西西比河的岸旁拉开架势。正当两人准备一决生死时，好在有人及时赶来，阻止了这场决斗。

事后，林肯反思道：若是这场决斗没有被阻止，那么一定会有人伤亡。而无论哪方败北，结果都是两败俱伤。这个险些酿成悲剧的事件，正是他肆意批评别人，不懂得维护他人自尊引起的。从此以后，林肯吸取教训，开始懂得如何在表达自己意愿的同时尊重他人。

心理学研究表明，在面对他人的批评、指责时，人们心中往往会存在一个"反弹指数"，而这个反弹指数的大小，通常取决于批评的程度和方式。一旦这个指数超出被批评者的承受范围，就很容易引起对方的反击行为。因此，在批评他人时，女孩一定要小心维护对方的尊严，将对方的反弹指数控制在合理的范围内。

那么，女孩在批评他人时，该采用哪些方式维护对方的

自尊呢？

1. 选择合适的场合

众所周知，"大庭广众"是最不适宜批评人的场合。每个人都有在人前维护面子的需求，所处的场合人越多，人们越希望能展现出自己良好的风采。因此，若在人多的场合批评某人，即便你的态度和风细雨，也很容易引起对方的不满乃至反击。批评，是为了让人改过，并非为了损人颜面。既然如此，何不在私下与对方心平气和地探讨他的问题呢？

2. 对事不对人

人无完人，每个人一生中都会犯下大大小小的错误，许多犯错者往往能够自觉自知，并且接受他人合理的批评。但是，如果批评者不分青红皂白，因为一个错误而否定犯错者整个人，那么势必招致犯错者的反击。试想，当你的某个企划案出现纰漏时，领导的一句"你这次太大意了"，或是"我看你根本就是能力有问题"，哪句更容易让你接受，更容易点醒你呢？

3. 有理有据，言语中肯

想要犯错者接受批评并从中受益，关键在于批评之言要有理有据且言语中肯。毫无根据的指责，不仅会令被批评者无辜受屈，对你生出嫌隙，更会影响你在人们心中的形象与威信。同时，批评者的言论，须一语中的，切中要害，这样才能使犯错者醍醐灌顶，心服口服。

先扬后抑，以鼓励的方式提出批评

人们常说，"人非圣贤，孰能无过。"无论是无心之失还是有意为之，每个人一生中都免不了犯错。而犯错之人，本就心中惶惑，愧疚自责，如果此时批评者疾言厉色，毫不顾忌对方情面，那么很容易激起对方的排斥心理，他不仅难以心平气和地接受批评者的言论，还会心生怨艾，激化双方的矛盾。

杰森是位著名的足球教练，他手下的队伍，每年都会取得不错的战绩。不仅如此，经他手调教出的足坛巨星，更是数不胜数。

这天，杰森难得休息在家，享受假期。每年的这个时候，他的好几位高足都会登门拜访，今年也不例外。这不，他刚吃完早餐，门铃就响了。看见当年风光无两、退役后仍牵动万千球迷心弦的大卫捧着礼物站在门口，杰森赶紧招呼他进来，又叮嘱他下回不必再买礼物。

"这只是我的一点心意。再多的礼物，也无法回报教练对我的栽培。"大卫就像回到了自己的家，一边给教练倒咖啡，一边说道："当年若不是您的一句鼓励，我早就放弃足球了。至今我还常常梦到那场可怕的灾难。那场冠军决赛，您不顾众人的反对，坚持让我这个初生牛犊上场。结果，我太过紧张，竟然连续踢进了两粒乌龙球。俱乐部老板气得要低价卖掉我，媒体球迷都在批评我、嘲笑我，是您力保我，让我能够继续留在您身边，留在顶级俱乐部踢球。我还记得，比赛后大家都回去了，我一个人留在更衣室里哭，您过来拍了拍我的肩，说：'大卫，我真想不明白，你有这么好的技术，这么好的身体素质，面对对方那个二流前锋，你有什么好紧张的。你的心态，配不上你自己。'是您这一番话，把我从地狱边缘拉了回来。我明白您是在批评我太不成熟，但您对我的肯定，让我放弃了结束足球生涯的念头。"

杰森笑了笑，端起咖啡喝了一口："你的成绩，来自你自身的天赋和努力，也来自你的幸运。你没有在我年轻气盛时遇上我。那时的我，脾气暴烈，生起气来口不择言。正是因为那样，好几个天赋极高的小伙子，宁愿自降身价，也不愿在我的手下踢球。终于有一天，我付出了代价。那是我这一生难得一遇的足球天才，可是，在我无止境的批评与谩骂中，他自我怀疑、自我沉沦，醉酒撞车，最后失去了右腿，彻底无缘绿茵场。从那以后，我就发誓，不管我手下的小伙子们踢成什么样，他们都应该得到我的鼓励和赞美。如今，你看到了，这个誓言为我带来了名誉与金钱，也为足坛奉献了更多精彩。"

心理学家指出，面对他人的批评，大部分人会不自觉地

产生恐慌，而这种恐慌，极易引起犯错者对自身的怀疑和对批评者的不满，从而导致辩解、抗拒、抱怨等行为。而如果他人的批评率先以鼓励的面貌出现在犯错者眼前，那么犯错者不仅少有逆反心理，而且通常会主动接受批评者的意见，并确信批评者对自己充满信心，从而树立更坚忍的自信，努力在批评者的关注下自我改进。既然如此，女孩在批评他人时，何不尝试以鼓励的方式，表达出内心的声音呢？

那么，女孩可以从哪些方面入手，利用鼓励的语言达到批评的效果呢？

1. 找出对方值得肯定的一点

无论女孩批评对方的原因是什么，是力所不逮也好，是有力无心也罢，在批评之前，女孩最好找到对方身上值得肯定的一点，并对其着重强调、诚恳赞扬。如对方学习成绩不行，你可以肯定他的学习态度；对方工作态度不佳，你应该让他知道他拥有多么好的能力，他理应以更好的工作态度来与这份能力相配。总而言之，肯定永远比批评更易入耳，更能给人动力。

2. 告诉对方他的不足在哪儿

在肯定了对方身上的某一点后，双方之间的交流氛围通常已经如愿达到某种和谐的程度，这个时候，女孩再真诚而不失委婉地提出对方的不足或错误，对方往往更容易心平气和地接受，并保持良好的态度与女孩探讨。

3. 帮助对方看到更远的风景

当双方已经就犯错者的错误或不足达成共识后，女孩应该让对方明白，你之所以会指出他的不足或错误，是因为你相信以他的能力或毅力一定能够克服这些难题。在你的眼里，他是一个未来的成功者，而不是一个既定的失败者。如此一来，对方会更加坚信你与他此次沟通的目的是塑造一个更好的他，而非趁机发难、落井下石。

恩威并用，批评也要顾及对方情绪

日常交际中，女孩是否有过这些困扰：你有责任对某人的错误提出批评，却又怕伤了彼此的感情；你放任某人的错误不管，或仅是委婉地劝说了对方，但对方依旧我行我素；你中肯地表达了你的批评意见，对方却恼羞成怒，翻脸无情；对方接受了你的批评并且努力改正，令你的批评卓有成效，然而，你们往日的亲昵却一去不复返……面对种种难题，其实，女孩只需要掌握一个技巧，就能令它们迎刃而解，那就是在批评他人时懂得恩威并用。

三洋电机公司前副董事长后藤清一先生在年轻的时候，曾经在松下公司任职多年。有一次，他犯了一个错误，令公司的创始人松下幸之助怒不可遏。当他进入松下的办公室后，松下气得暴跳如雷，抓起一把火钳狠狠地摔到了桌子上，然后冲着后藤清一好一顿臭骂。正当被骂得灰头土脸的后藤准备离开时，松下叫住了他："等一下，刚才我太气愤了，不小心弄弯了这把火钳。麻烦你辛苦一下，帮我把它弄直，可以吗？"

后藤满心不愿，却也只能照做。他拿起火钳用力地敲打，奇怪的是，他那糟糕的情绪居然随着这一下一下的敲打而逐渐恢复了。当他将修理好的火钳递给松下时，松下看了一眼就点头说道："嗯，比之前还要好，你真行！"

后藤走了以后，松下迅速拿起电话，拨通了后藤家的号码。他对接电话的后藤太太说："今天你先生回家后，脸色

一定特别差，希望你能好好地照顾他。"

原本打算辞职的后藤，回到家听到太太转达的话后，感动得无以言状。他不仅打消了辞职的念头，还下定决心一定要更加忠诚地为松下效劳。

面对他人的指责或批评，很多人的心中往往会生出抵触情绪，更有甚者，会在行为上表现出对抗的倾向。因为，在受到批评时，人们在第一时间会感到自己受到了伤害，这时，潜意识中的自我保护机制便行动起来，导致抵触心理和对抗倾向，并使人们不自觉地对批评者心生不满甚至怨恨。一旦这种情绪长时间滞留在双方心中，必然对双方之间的关系有所损伤。因此，女孩在批评人之后，要及时表达自己的关切和诚意，用你的善良和温暖，尽快消弭人际关系的隐患。

良好口才养成攻略

那么，女孩在批评他人时，如何才能做到恩威并用呢？

1. 如果施以惩罚，及时与其沟通

一个人犯了错误，自然应该接受批评，而有些时候，伴随批评而来的，还会有具体的惩罚。很多时候，受罚者往往心中不服，认为批评者小题大做，自己很是委屈。这种情况下，受罚者很容易产生逆反心理，有的敢怒不敢言，有的非暴力不合作，有的甚至故意与批评者唱反调。因此，在施以惩罚之后，批评者应及时与受罚者进行沟通，让其更加深刻地理解自己受罚的原因，帮助他更快地找到改进的方法与方向。这样，才能起到小惩大诫、春风化雨的功效。

2. 如果当众批评，私下适当致歉

虽说当众批评对于犯错者来说难以接受，但有些情况下，必须采用当众批评的方式令犯错者受到当头棒喝，并给其他人以警示。例如，对于不遵守课堂纪律而又屡教不改、已经对大部分同学造成恶劣影响的学生，老师理应采取当众批评的方式，让该生在"丢面子"时能牢牢记下这个教训。当然，在事后，老师应当单独与学生交谈一番，向他表达适度的歉意，让他明白，老师并非有意让他当众难堪，完全是不得已而为之，希望他能认清自己的错误，并体谅老师的苦心。如此，学生的逆反心理也就烟消云散了。

3. 如果批评激烈，托人转达劝慰

当你以必要的形式和态度批评完某人后，如果觉得此等程度的批评已经超出了对方的承受能力，不仅会令自己与对方交恶，甚至可能会对对方的心理造成伤害，那么，你需要通过一位合适的第三者向对方传达你的安抚和劝慰。及时而真诚的劝慰，能够有效化解双方之间的矛盾，舒缓并治愈对方的心理创伤。

第 10 章

聪明地倾听：是你把话说好的前提

边听边想，洞悉他人言语中的重点

你是否有过这样的体验：因为某些原因，你无法直言相告一些心里话，只得委婉表达，而对方却总是毫无知觉，应答之语与你心中之声"驴唇不对马嘴"。这时，无论对方是在装傻充愣，还是真的天真质朴，你都难有再与之交谈的欲望。因为，他听不懂你的话，让你觉得话不投机；你们之间的沟通障碍，如同重峦叠嶂，让你没有耐心再去尝试。

听到闺蜜园园离婚的消息，美美着实吃了一惊。正当她不知如何安慰园园时，园园主动约了她，说趁着这个周末天气不错，一起出去逛街喝茶，聊天散心。

两人逛了半天，园园的神色才有些好转。来到一间咖啡馆，两人挑了一个小包间，点了一壶咖啡，便聊了起来。

第 10 章
聪明地倾听：是你把话说好的前提

园园长叹一声，先开了口："离婚这事，我跟谁都没聊，就想跟你聊聊。他们都只会说我不知足，找了一个这么老实的男人还瞎折腾。只有你懂我，理解我。其实，原本我也觉得他挺不错的，下班就回家，家务活也帮着我干，除了看电视没什么别的爱好。虽说他不上交工资补贴家用，可我自己有收入，而且住在父母家，因此也不计较这些。后来有了孩子，开销突然大了，除了交给父母的钱，不说别的，光是孩子的奶粉尿布，我也吃不消了。他呢，还是那一副老样子，完全不求上进。家用一分不给不说，也不考虑将来我们自己要买车买房，拿的那点工资有时还没我的奖金多，他还心满意足。下班回来就坐在电视前傻笑，不工作的时候就上上网、玩玩游戏。跟着他，真不知道什么时候能熬出头。"

园园喝了口咖啡，见美美不说话，只是默然点头，又说道："其实这些对我来说，都不是最要命的。钱的问题总有办法解决，我也不是没有工作能力的人。最要命的是我跟他无法沟通。举个例子，那天我打算认真和他谈一谈，要他好好想想我们的将来，这不是我一个人努力就能做好的。我跟他分析了现在的形势，告诉他以后孩子的花销、我们买车买房的预算。说这些，无非是想让他上进一点，有点责任感。你猜，他怎么回答我的？他说，知道了，一会儿去银行取1000块钱给你。"

看着美美哭笑不得的神情，园园也苦笑起来，叹道："这就是平时我和他沟通的常态。两个完全不在一个频道上的人，你让我怎么交流？结婚过日子，两个人要相伴到老的。那个人连你的话都听不懂，这日子还怎么过？"

俗话说："射人先射马，擒贼先擒王。"凡事都要把握其重点，抓住其要害，才能如鱼得水、手到擒来。同样，在与人交往中，在倾听别人的时候，女孩只有学会抓住重点，才能听懂对方的真正意思，才能让对方觉得与你沟通是一件轻松惬意的事。只有这样，才能为下一次的沟通打下良好基础，才能在人际交往中占据主动地位。

1. 多留意那些出现频率高的词汇

当我们想强调某种意思时，或是对方一直难以理解时，我们往往会有意或无意地强调那些含有我们真正意图的关键词。同样，在交谈中，当对方口中频繁出现某些词汇时，女孩就应多加留意，仔细思索这些词汇所蕴含的意义，探究对方心中的真实想法。

2. 多想想那些含有话外音的言语

对于某些话题，含蓄的中国人往往不习惯于直接表达。话说得太清楚，有时反而令双方陷入尴尬。因此，在与人交流时，女孩也要学会听出他人的话外之音，透过委婉的语言，听出对方的心声。例如，当朋友和你聊天时，总是提及高昂的物价和自己的窘境，你就要想想他是在催你还钱还是打算向你借钱了。

3. 多揣摩那些看似无心的暗示

除了话外之音，对方表达出的暗示，更多时候会体现在肢体动作或面部表情上。例如，孩子向长辈拜年时，虽然口中不断说着祝福之语，说着自己已经长大了，不用再收压岁钱，但眼巴巴的神色，依旧流露出他们对红包的渴望。准新娘看见橱窗中昂贵的婚纱，口中说着"这么贵，疯子才买"，然而进了婚纱店后眼睛就没离开过那件婚纱，这时就是考验准新郎应变能力的时候了。

适当引导，让对方主动说出真心话

身处社会，我们每个人都免不得要与人沟通。无论沟通的目的是什么，是增进感情、化解矛盾、商务谈判还是说服劝导，我们只有听到对方的真心话，了解对方的真实心意，才能对症下药、有的放矢。然而，生活中，很多人由于戒备心理，不会轻易对他人吐露真心，有时甚至正话反说、刻意误导，这时，就需要女孩掌握一些技巧，巧妙地"套出"对方的真心话。

小赵来到公司五年，一直是业务主干，公司上层也十分器重他。然而，正当公司决定让他的职务更上一层楼时，他却向经理提交了辞呈。经理收到辞呈，并未当面表示什么，只是约小赵下班后去附近的茶楼坐一坐，聊聊天。

下班后，两人来到茶楼，刚一落座，经理便开门见山，面露难色地说道："小赵啊，你一直是领导们器重的人才。眼下你这么做，我很为难啊！收了你的辞呈，上面不答应；拒绝了你，我又怕耽误你的前程。咱俩好歹也称兄道弟这么多年了，论交情，你也没什么好避讳我的。这样吧，你跟老哥说说，是对公司有什么不满意吗？只要老哥能办到的，一定尽量替你办好。"

"公司没什么不好，"小赵呡了口茶，尴尬地笑了笑，"是我自己嫌总待在一个地方太闷，想换个环境。"

"按理说，你都三十好几了，人也稳重，不像那些冲动的小伙子，但凡有一点不顺意的，说辞职就辞职。你既然决定要辞职，一定有原因。是不是对于提成不太满意？我知道，咱们公司的提成，确实比好几家同类型公司低了一点。"

"您知道，我不是因为这个。咱们公司的提成是低了一些，但企业文化、规章制度和各种福利保障，都远远强过那些公司，对于这一点，我从来没有意见。"

"那，是因为我这个老大哥整天尸位素餐，让你心里不痛快了?"

"您这是哪里话!如果不是您,咱们部门怎么会有今天的成绩!"

"那到底因为什么呢?你就不能跟老哥说句心里话吗?你不说实话,老哥只能这么一直猜下去,只怕猜到最后,反倒伤了咱俩的感情啊!"

小赵沉默半晌,终于开口道:"刘副主任,似乎对我不太满意。在他手下工作,还要和他的侄子竞争,压力太大。我还算年轻,不怕吃苦,愿意打拼。但是,我不希望长期受到付出与收获不成正比的待遇。这两年来,好几笔大单,如果没有刘副主任从中掺和，原本都是我的。我知道，我资历浅，在公司里没资格和他抗争。所幸还有些人脉，不如换个环境拼一拼了。"

经理听了，立马明白了问题的症结所在。

我们常说，良好的沟通是打造和谐人际关系的基础。只有良好的沟通，才能让人们彼此之间更加了解、更加熟悉；只有良好的沟通，才能令彼此之间更加清楚对方的心意，让交流更加高效。人际交往中，女孩需要掌握一定的方式方法，灵活运用恰当的引导，令对方主动说出你想听的真心话。

那么，在沟通中，女孩可以采取哪些方式，来引出对方的真心话呢？

1. 对对方有一定的了解

只有事先对对方有一定的了解，你们的谈话才能和谐地进行下去。对于对方，你不仅要了解他的基本信息，如性格、兴趣、家庭概况等，更要了解他的优点、他的成就。你的赞美和肯定，会成为打开他话匣子的契机。

2. 真诚地表达你的见解与对他的期盼

在谈话中，女孩应及时、诚恳地表达、暗示出自己对对方见解和真心的期盼。当你表现出热切的期待之情时，对方往往会被你的热情所感染，更愿意与你交流，对你的防备之心也会有所降低。

3. 适当赞同一些对方反对的

如果对方是一个较为谨慎的人，你的热情难以起到什么作用，那么，女孩不妨尝试去赞同一些对方反对的观点，如事例中经理用的方法，或是故意涉及一些对方厌恶的话题。当然，提及这些话题或表达你与他相反的意见时，只需点到为止，不可过分纠缠。凡事过犹不及，我们提及这些内容的本意是略以激将之策扰乱对方心神，令其不经意间说出自己的真心话，而非真心与对方辩论。

仔细听清，口头禅也会反映他的心理

生活中，几乎每个人都有几句自己的口头禅，总会在谈话中不经意地说出来。也许有人觉得，口头禅只是一个人的用语习惯，并没有什么实际的意义，其实不然。从心理学的角度来讲，口头禅中也蕴含着一个人的某些性格特征和心理活动。

强子是科里最勤快的办事员，为人也和善，同事们都与他打成一片。然而，科长似乎不太喜欢他，每次和他说话，聊不到几句就背着手走了。为此，强子十分郁闷。他百思不得其解，只好找到科里资历最深的老许，希望他能为自己指点迷津。

老许听了强子的疑惑，问道："你怎么知道科长不喜欢你？"

"啊？"强子一愣，然后尴尬地笑了，"这个嘛……我又不傻，科长喜不喜欢我，我当然看得出来。"

"你确定？"

"嗯。"

"看，问题出来了。"老许指着强子，"你这孩子，说话时总是不注意口头语。你老是用'嗯''啊''这个嘛'这些口头语，而且说的时候声音拖得老长，在我们这些中年人听来，总觉得你在拿架子。科长这个人，最讨厌年轻气盛、傲慢无礼的人。你跟咱们相处的时间长，咱们知道你是个老实的小伙子。可是科长只是偶尔和你谈谈工作，你呢，一开口就这些口头语，怎么能让他听着舒服呢？"

"这个……"强子急了,"这可冤枉死我了!我这个人脑子笨,反应比较慢,怕自己说错话,所以有时会不经意地说出这些口头禅,并没有别的意思啊!"

"说者无心,听者有意。我看哪,你这些口头禅,得戒掉了。尤其是和科长聊天的时候,一定要少用。另外,年轻人说话总是拖泥带水,也不是什么好事,你说是不是?"

强子点了点头,记在了心里。

与人相处,字字较真自然不必,但从对方的语言细节中探究对方的心思,寻找和谐沟通的突破口,则是女孩应该掌握的一门技巧。口头禅看似无意,却在一定程度上显示出一个人的性格、心理或品行。人际交往中,女孩不妨多多留心对方的口头禅,看看他这不经意间流露出的字句,为你提供了哪些信息。

良好口才养成攻略

下面,我们简单为大家介绍五种常见口头禅所隐藏的

"玄机"。

1. 绝对的、肯定的、必须的

爱说这些话的人，通常十分自信，他们果断、信心十足的态度，往往会令他人感到信服。不过，女孩也应谨记，过分的自信就是自负，过度的果断就是武断。

2. 也许、大概、可能

常将这些话挂在嘴边的人，无疑是非常谨慎的人。他们思维缜密，做事追求滴水不漏，不会轻易得罪别人。也正是因为他们十分谨慎，想要从他们口中套出真心话，绝非易事。

3. 真的、没骗你

人们在说这种话时，往往已经在怀疑对方不够信任自己，因此急于表明立场，希望对方能受到这些肯定字句的影响，坚定对自己的信心。

4. 我听说、据说

以这种话为口头禅的人，通常是一些有阅历的人。他们见过柳暗花明，经过波折逆转，知道"眼见未必为实，耳听岂能当真"，因此，他们时时为自己的话留有后路，不会轻易说出绝对、果断的话。

5. 可是、然而、不过、但是

常说这种话的人，也是说话留有余地的人。通常从事公共关系的人爱用这类口头禅。这些词语较为委婉，能及时修正自己之前言语中的错误，也能在很多时候照顾到对方多方面的感受。

少说多听，倾诉是人类共有的需求

有一个笑话是这样说的：儿子问爸爸为什么人有两只耳朵、一张嘴。这时，看球的爸爸正被拖地的妈妈唠叨得不胜其烦，就指着她对儿子说："看看你妈就懂了，老天爷在提醒我们，少说话，多听话！"看过这则小幽默，会心一笑之后，我们也应该从中悟出一个道理：在人际交往中，少说多听，是保持良好沟通、维持良好关系的一大法宝。

天生嘴笨的袁海想在今晚公司举办的舞会上邀请暗恋已久的艾美共舞一曲，然后和她聊一聊天，套套近乎。他向交际达人凯伊讨教经验，询问怎样才能打开同样不善言辞的艾美的话匣子。

凯伊三两句就说完了教给袁海的话，袁海将信将疑，

"就这样,这样能行?"

"放心吧,听我的,准没错。今晚舞会我就不去当电灯泡了,咱们各走各的,散会了回来,我等你好消息。"

果然,晚上11点半左右,凯伊的手机响了,电话那头,袁海激动得语无伦次,说舞会散场后,他和艾美又找了家咖啡馆,一直聊到刚才才告别。

"怎么样,我说得没错吧!"凯伊也衷心地为兄弟感到高兴,"艾美平时不说话,是因为没人好好听她说。你只要知道她的兴趣,引导她说出来,再有足够的耐心听她讲,她比谁都愿意说话。"

"真没想到，你连接触不多的艾美都这么了解。"袁海佩服得五体投地。

"我不是了解艾美，我是了解人类。每个人都有想说的话，都希望有人能好好地听他说话，重视他的话，喜欢他的话。这个呀，就叫倾诉需求。兄弟，要追到艾美，任重而道远啊，继续努力吧！"

我们都知道，沟通是一切社会交往的前提和基础。而要做到良好地、有效地沟通，不仅要求女孩善于诉说，还要求女孩长于倾听。心理学研究表明，倾诉是人类共有的、重要的需求，每个人都渴望倾诉，每个人都希望自己的倾诉能被人倾听、被人关注。女孩在社会交际中，如果能够学会倾听，学会满足交际对象的倾诉需求，那么，就能在短时间内获得对方的好感与信任，在人际关系中占据有利地位。

良好口才养成攻略

倾听，是为了更好地了解对方、认识对方，是为了用更短的时间去掌握更多的信息,是为了令交流双方迅速建立良好的沟通,是为了让沟通少一些障碍,少一些摩擦。

那么,女孩在与人交流时,需要注意哪些方面,才能让自己的倾听更加高效呢?

1. 让对方感受到你的诚意和兴趣

当他人在倾诉时,女孩应当适当运用各种信息传递方式,如有声语言的表达,肢体语言的辅助,音调语气的控制等,表现出自己对于这次沟通的诚意,表现出自己对于对方所言内容的兴趣。谁也不愿意和一个毫无诚意或是觉得自己的话题索然无味的对象交流,那只会让自己陷入尴尬,且失去安全感。诚意,是打开人们心锁的钥匙;兴趣,是缩短交际距离的推手。

2. 让对方感受到你的参与

倾听是一个过程,整个过程的原则是少说多听,而绝不是"只听"。少有人能够从头到尾毫无表示而达到高效倾听的目的,这样也无法满足倾诉者的需求;也少有倾诉者能够"目中无人"、片刻不停地从交流开头滔滔不绝直到结尾，他们也不愿意在拥有倾诉对象时依旧自言自语地上演独角戏。既然是沟通，是交流，那必然是相互的，是彼此合作的。因此，作为倾听者，女孩也要参与到这场谈话中来。你的话可以很少，但不应该没有；你的表情可以不丰富，但不应该凝固。让倾诉者感受到互动，才能让他真正感觉到被尊重。

3. 捕捉信息需从多方下手

聆听他人的倾诉时，我们要展现出诚意，我们要展现出兴趣，我们要与对方及时互动，而我们给出的这一系列反馈，是否真正合乎对方的心意，一切需要以对方内心的真实感受为准。这些感受，对方很少100%吐露，尤其当交流双方并不熟稔时，我们想要掌握的信息，只能靠我们自己去捕捉。所谓倾听，不只要听，更需要看。就像你的肢体语言能够向对方传达你的心意，对方的微表情、小动作，也在透露着他的真实情绪和心理。

参考文献

[1] 彭凡. 完美女孩的口才妙方 [M]. 北京：化学工业出版社，2014.

[2] 崔挚妍. 女人受益一生的12堂口才课 [M]. 北京：化学工业出版社，2013.

[3] 艾静. 我最想要的女人口才书 [M]. 北京：海潮出版社，2011.

[4] 戴尔·卡耐基. 女人受益一生的口才课 [M]. 雅楠，译. 苏州：古吴轩出版社，2014.

[5] 池雨秋. 好口才造福女人一生 [M]. 北京：中国纺织出版社，2009.